青少年自尊
保护机制研究

曹杏田　著

济南出版社

序言(一)

习近平总书记在党的二十大报告中指出:"青年强,则国家强。当代中国青年生逢其时,施展才干的舞台无比广阔,实现梦想的前景无比光明。""全党要把青年工作作为战略性工作来抓。"这充分体现了党和国家对青少年践行社会主义核心价值观促进其健全人格发展的重视。青少年是中华民族的未来,是实现中国梦的建设者,其健全人格的养成与发展是践行社会主义核心价值观的必然要求,也是传承中华优秀传统文化、深化教育改革、促进青少年健康成长的正确选择。

自尊是个体在社会比较过程中所获得的有关自我价值的积极评价和体验。研究发现,自尊作为起中介作用的人格变量,不仅是心理健康的主要标志,而且制约着人格发展的方向。近年来,由于自尊对青少年情绪情感与动机的形成、社会适应性行为、认知及品德的发展与教育都起着重要的制约作用,因此,青少年儿童自尊发展及其机制研究已经引起国内外心理学界的高度重视。

西方学者在探讨自尊与心理健康关系时发现了自尊的异质性,由此异质性高自尊被研究者广泛关注。而安全型高自尊和脆弱型高自尊作为异质性高自尊最被认可的两种类型也成为研究的热点。自我服务偏向是指人们在应对环境刺激时做出有利于自我提升或自我保护的归因倾向。已有研究发现,自我服务偏向的存在主要是由于个体有自我保护和提升自尊的需要与动机。对自尊保护和提升机制的研究,使得人们开始深入探讨自我服务偏向及其与自尊的关系。

本书包括八章,以青少年为研究对象,在对异质性高自尊理论和自我服务偏向问题进行较为系统梳理的基础上，分别从异质性高自尊者自我服务偏向发生的可能性、一般特征、具体特征、行为发生机制等方面逐一进行探讨研究。

本书的研究结果不仅丰富了异质性自尊理论，深化了对自我服务偏向问题的认识，也为异质性高自尊者实际心理问题的解决提供了参考和借鉴。

本书具有如下特点：

第一，创新性。本书的创新性主要体现在研究对象的独特性、研究内容的重要性、研究方法的科学性和综合性，以及研究结果的领先性上。目前国内外关于青少年自尊及其机制的研究虽然不少，但对如何提升与保护青少年自尊的认知机制研究还是比较缺乏的，而且也没有明确提出相应的理论建构。本书整合了异质性高自尊理论，提出了异质性高自尊者自我服务偏向发生的解释新视角，具有理论深度和较好的逻辑性。在具体特征分析上归类清晰、阐述精当，并提出对异质性高自尊者自我服务偏向的特征应分别从"纵向"（即时与延时）和"横向"（内隐与外显）两个角度进行分析的主张，给读者一个清晰的轮廓。同时，借助数据模型对异质性高自尊者自我服务偏向发生机制进行针对性的研究，整个研究具有很好的创新性。

第二，指导性。本书中的研究问题既来自理论，更来自加强青少年心理健康教育目标的要求。本书的研究结果对高等学校帮助青少年学生提升自尊水平、保护自尊的健康发展都具有较强的指导作用，尤其对青少年心理健康教育工作的实施能提供可行的对策与参考。

青少年阶段是健康人格形成与发展的重要时期。如何形成青少年真正意义上的高自尊，促使他们在健康自尊的基础上进一步发展健康人格，这也是本书研究中一直在探讨的重要内容。自尊研究的重要性可以用美国心理学家所罗门（Solomon）的一句话来表明，Solomon指出：

"在某种程度上，把某一领域的行为设想为与自尊的需要没有联系是很难的。"可见，自尊不仅影响个体心理活动的正常进行，而且影响个体的发展。自尊作为一种与自信心、进取心及责任感、荣誉感密切相关的积极人格品质，不仅有助于青少年健康心理与健康人格的形成与发展，而且影响着个体的整个精神面貌。

本书可以作为高等院校心理学专业本科生、研究生选修儿童人格发展与教育课程的参考书，也可供学校教师、家长，尤其是从事青少年心理健康教育工作的相关人员阅读。

本书是我的2016级博士生曹杏田在其大量研究基础上凝练而成的。2016—2020年，曹杏田一边工作，一边攻读博士，作为他的导师，我见证了他在辽宁师范大学心理学院读博期间孜孜不倦、认真求知的学习态度，以及在团队中不厌其烦地指导师弟、师妹们进行科学研究的无私精神，这一切经常在我的脑海中回放，成为永远的记忆。本书是曹杏田教育与科研工作中的一个插曲，我相信他会在心理学的研究领域中不断求索，继续努力取得更大的进步！

年轻的心理学者正行走在探索的路上，科学研究的水平与能力还有待提高。本书难免会有不尽人意之处，在此也敬请广大读者不吝赐教，以匡正之，将不胜感谢！

辽宁师范大学心理学教授、博士生导师

2024 年 9 月于大连

序言（二）

自尊是 20 世纪心理学研究的热点课题之一。曹杏田博士在攻读硕士、博士期间就明确主攻方向，其中青少年自尊发展是其研究的重心，经过持之以恒不断探索，形成了系列研究成果。今日，又出版《青少年自尊保护机制研究》，着实可喜可贺。

初读本书，我为作者的新颖编排而惊喜。从自尊与青少年发展尤其是心理发展的关系谈起，依据现有的研究，总结了青少年自尊发展的一般趋势。接下来，作者根据自己的研究成果，分别探讨了高低自尊者的心理与行为特征；从自我保护的发生到自我保护的方式、机制等进行了全面细致的研究，尤其是对青少年高自尊保护机制的理论与实践研究，揭示了自尊保护的内在逻辑路径。这一研究的纵深贯穿，显示了作者扎实的专业知识功底和良好的研究素养。

再读本书，我为作者的研究逻辑而吸引。作者的研究可以说是匠心独运。从现状的调查分析入手，先易后难，探讨了青少年自尊的类型、自尊的保护机制以及不同类型自尊者的保护机制的特点与表现，可谓层层深入。从研究手段来看，作者综合运用多种方法，尝试从多个角度分析青少年自尊心理的表现及特点，这些研究成果对于教育学、心理学工作者来说，富有启迪意义。

又读本书，我为作者的文字功底而打动。整本书娓娓道来，显示了作者扎实的文学素养和文字推敲能力。作为一本学术著作，作者尽可能避免专业名词的堆积和渲染，而是采取贴近生活的方式、用通俗易懂的语言来叙述研究结果，站在便于读者理解的角度，讨论研究结论的内涵。

我清楚地明白，关注青少年心理发展的心理学、教育学、社会学以及其他专业工作者不在少数；从社会和成长的角度关注青少年自尊心理发展与教育的群体人数更多，本书只要对他们的研究和教育工作有所帮助、有所启发，便是最大的成功。

希望曹杏田博士继续努力，在发展与教育心理学领域取得更多的研究成果。

中国心理学会认定心理学家，安徽师范大学心理学教授、博士生导师

2024 年 9 月于安徽芜湖

前 言

　　培养有自信、懂自尊的青少年是开展以正心笃志、崇德弘毅为重点的人格修养教育的目的之一。促进青少年身心健康、全面发展，是中共中央关心、人民群众关切、社会关注的重大课题。2017 年 10 月，习近平总书记在党的十九大报告中提出："加强社会心理服务体系建设，培育自尊自信、理性平和、积极向上的社会心态。"2022 年 10 月，习近平总书记在党的二十大报告中提出："重视心理健康和精神卫生。"这是对新时代做好心理健康和精神卫生工作提出的明确要求。提升青少年群体的自尊水平，健全其人格发展，一直以来是社会界、教育界和学术界重点关注的课题。

　　自尊即个体对自我总体价值的情感性评价，对个体的认知和行为具有一定的调节作用，存在一定的权变性。它是个体要求他人尊重自己的言行、维护一定的荣誉和社会地位的一种自我意识倾向，是个人尊重需要的反映。青少年时期是个体自我统一性整合的关键时期，对他人的认可和尊重的渴望，促使了青少年对自尊的渴求。作为重要的人格变量，自尊常常被作为心理健康的核心。

　　教育部 2002 年制定的《中小学心理健康教育指导纲要》指出："良

好的心理素质是人的全面素质中的重要组成部分。"中小学心理健康教育旨在提高中小学生心理素质、促进其身心和谐发展。2012 年，教育部对《中小学心理健康教育指导纲要》进行了修订完善，指出心理健康教育的具体目标包括：提高自主自助和自我教育能力，增强调控情绪、承受挫折、适应环境的能力，培养学生健全的人格和良好的个性心理品质。2023 年教育部等十七部门联合印发的《全面加强和改进新时代学生心理健康工作专项行动计划（2023—2025）》通知中指出，要"培育学生热爱生活、珍视生命、自尊自信、理性平和、乐观向上的心理品质和不懈奋斗、荣辱不惊、百折不挠的意志品质，促进学生思想道德素质、科学文化素质和身心健康素质协调发展，培养担当民族复兴大任的时代新人"。

青少年对自我持积极观点是心理健康和主观幸福的基石，低自尊是一系列精神问题的诱发因素，如神经性厌食症、焦虑症、抑郁等。经典的心理学理论认为：自尊是横向发展的，它建立在真实存在或想象亲密同伴赞赏的基础上。的确，持久的自我价值感反映了长期以来他人对自己评价的积累。众所周知，自尊在个体认知、行为实施等活动中具有中介和调节作用，这也是自尊适应性、权变性的表现。根据斯旺（Swann）的观点，个体拥有精细而巧妙的自我确认策略，会竭尽全力地寻找确认自我概念的信息，并且努力抗拒那些会威胁到自我概念的信息。青少年特别不希望获得与他们现有同一性矛盾的反馈，所以青少年非常关注他人对自己的看法，这是他们整体自尊的一个重要来源。青少年时期是角色关联自我分化的关键时期。依据镜像自我理论的观点，这一阶段的个体很容易将他人的重要观点整合入自我价值感。

自我服务偏向是自我认知中的一种积极倾向，同时也有动机性成分。海德（Heider）指出："一个人倾向于把好的东西归于自己，但当一个人不得不把不好的东西归于自己时，他就会感到心理上的'痛苦'。"为了避免这种痛苦的产生，人们常常在事情发生后做出有利于自我的归因偏向，即人们倾向于将积极事件归因于自我，而将消极事件归因为他人的倾向，这被称为自我服务偏向。越来越多的证据表明，自我服务偏向是人类自我认知中的一种适应性特征，它始终与心理和身体健康密切相关。自我服务偏向发生时个体会报告更高的主观幸福感、更少的抑郁、更积极的情绪状态、更好的问题解决能力、更好的免疫功能和更低的发病率。相反，自我服务偏向较弱或缺失会表现出更明显的抑郁、身体健康差，以及更糟糕的学习成绩、工作和运动能力。

然而，一直以来，关于自我服务偏向是否存在普遍性的问题引发了激烈的争论。自我服务偏向在人类认知中真的普遍存在吗？这种偏向的存在是否具有其本身一般性特征和特殊特征？海因（Heine）认为，使用自我服务偏向等认知策略来激发积极的自我概念，是改善心理健康和健全人格发展的一种有效手段。学者黄仁辉、李洁、李文虎研究认为，个体表现出自我服务偏向心理现象的主要目的是维护和提升自尊水平，这种现象在高自尊者身上表现得尤为明显；而低自尊者正是缺乏这样的自我服务偏向，所以更容易出现抑郁、自我伤害、焦虑、社交障碍等一系列心理和行为问题。

西方学者将西方文化中的自我服务偏向与东方文化中观察到的自

我服务偏向进行比较研究后发现，自我服务偏向是一种独特的西方现象，在东方文化中缺失或表现较弱。这与中国传统文化强调的"谦卑""克己""中庸"理念和集体主义文化有关，在这种文化下成长的个体更加注重他人的感受，在外显的事件中更少地表现出有利于自我的解释、归因或动机。那么，这是否意味着东方文化下异质性高自尊青少年会表现出与西方文化不同的自我服务偏向特征呢？在东方文化下的异质性高自尊青少年具有怎样的自我服务偏向特征呢？这些都是目前学界有待继续研究的问题。

因此，基于自我服务偏向在人类心理健康中所具有的积极价值和意义，考虑到我国本土文化、国民人格特征和异质性高自尊青少年的特异性，在已有研究基础之上，本书借助行为实验，对异质性高自尊青少年自尊保护的发生基础、一般特征、特异性特征和发生的行为机制等进行了较为全面的探讨和研究，这对深入了解自尊，改善和发展青少年的自尊具有非常重要的意义。

目　录

第 1 章
自尊与青少年心理发展

1.1 青少年阶段的界定

青少年阶段是个体个性发展的重要时期，此阶段自尊的发展处于极不稳定状态。

对青少年的界定存在不同的观点。《青年学辞典》主要是从生物学的角度考虑，认为青少年是指儿童到中年之前的全部阶段（邝海春，1990）。教育界普遍认为，青少年时期就是青春期，它包括两个阶段：初中阶段即少年期；高中阶段即青年初期。处于这两个阶段的青少年正值青春发育时期，故该阶段又被称为青春发育期（张玉洁，1986）。国家统计局在人口统计的过程中将0—14岁群体界定为青少年儿童期（邓希泉，2015）。青少年发展心理学认为，青少年是指年龄在11、12岁至24、25岁之间的社会群体，应当包括三个阶段：少年期、青年期和青年晚期（雷雳，张雷，2008）。法学标准认为，青少年是指个体由儿童向成人的过渡期，特指12—17岁的未成年（李少文，2013）。其中，12—14岁为少年期；15—17岁为青年初期。共青团的观点认为，以青少年为主体的共青团员年龄为14—28岁（曹彦，2014）。综合考虑，作者认为需要遵循心理学学科的普遍规范，研究选择青少年样本年龄阶段的分布是12—24岁青少年。

1.2 青少年自尊的界定

自尊即个体对自我总体价值的情感性评价，对个体的认知和行为具有一定的调节作用，存在一定的权变性（Baumeister，Dori，& Hastings，1998；Brown，2015；Vrabel，Zeigler-Hill，&Southard，2017），也称自尊心。它是个体要求他人尊重自己的言行、维护一定的荣誉和社会地位的一种自我意识倾向，是个人尊重需要的反映（杨丽珠，张丽华，2003）。一般而言，自尊由自我胜任感、外表感、社会认可、重要感和归属感五个因素构成（张丽华，杨丽珠，张索玲，2009），是影响青少年攻击性行为的重要人格变量。

高自尊分为脆弱型高自尊和安全型高自尊。脆弱型高自尊个体对自我价值具有高防卫、偶然一致性、不稳定性和差异性等特征，而安全型高自尊个体的自我价值具有真实性、可靠性、稳定性和完全一致性。最为关键的是，脆弱型高自尊个体会灵活地采用一些自我保护和自我提升的策略来保持自己的高自尊，否则高自尊就会转化为低自尊，但这种策略的灵活运用使得我们对脆弱型高自尊的认识变得扑朔迷离。

低自尊分为不一致型低自尊与一致型低自尊。传统的观点认为，自尊被界定为个体在意识层面或外显层面对自我的评价，通常采用自我报告的问卷形式进行测量，随着内隐测量手段在社会认知心理学领域的兴起，人们认识到对人的内隐自尊进行研究也是有可能的。许多研究者认为，内隐自尊和外显自尊是两个完全不同的结构，外显自尊源自个体自我意识层面的自我信念，内隐自尊源自直觉的、自动的和非意识层面的自我评价（Pelham, Koole, Hardin, Hetts, Seah, &Dehart, 2005；Koole, Dijksterhuis, &Knippenberg, 2001；Olson, Fazio, &Hermann, 2007）。在这一理念的倡导下，研究者们认为，有可能存在个体外显自尊水平和内隐自尊水平的比例失调现象。通过研究发现，确实存在外显自尊和内隐自尊比例失调的问题，一些研究者开始关注不一致型低自尊。不一致型低自尊即表现出低外显自尊和高内隐自尊。这种自尊的个体面对失败更加积极、面对困难更少设限，显出更强的坚持性。而外显自尊和内隐自尊水平都较低的个体被称为一致型低自尊者，或者真实的低自尊者。这类个体表现出更多的心理和行为问题，与抑郁症有明显的关联性，是自尊领域研究的热点。

青少年时期是个体自我统一性整合的关键时期，这个时期的个体渴望得到他人的认可和尊重（弓思源，胥兴春，2011），这一客观需要促使青少年渴求自尊。作为重要的人格变量，自尊常常被作为心理健康的核心。从心理发展的角度来看，青少年阶段是个人人格发展的关键阶段，自尊作为人格的重要部分，在青少年时期经历着重大的发展和转折。

1.3 自尊与青少年心理发展

相对于高自尊者，低自尊者更容易采取向上的社会比较，这种向上比较会导致更多的心理落差。因此，不难理解低自尊者会表现出更多的心理问题的原因。研究发现，高自尊者和低自尊者在个体心理健康方面存在明显的差异，高自尊者与许多积极性行为表现有相关性。如，面对失败的坚持性（McFarlin，Baumeister，& Blascovich，1984），主观幸福感和生活满意度更高（Diener，& Diener，1995），更加优秀的学业成绩（Hansford，& Hattie，1982）。而低自尊者在面对困难时会表现出更多的自我妨碍，主观幸福感和生活满意度更低（Zeigler-Hill，& Terry，2007）。根据目标自我意识理论的观点，低自尊者之所以会有这样的表现，是因为低自尊者更容易将自己的现实状态和目标状态进行比较。当自我的现实状态不如目标状态时，他们就会产生消极情绪。因此，他们害怕失败，也难以有较高的生活满意度（Duval，& Wicklund，1972）。低自尊与神经性厌食症存在密切的关系，研究发现，低自尊导致神经性厌食症的产生和复发。

长期处于低自尊状态容易导致个体追求其认为合适的表现以支持其低自我价值的感受，从而改变其始终不能实现自我期望的现状，进而导致抑郁的出现。低自尊者出现抑郁症状后会表现出对形状和重量的错误认知。因此，低自尊者会控制饮食和体重，从而产生饮食障碍，这一问题在青年人群中表现得尤为明显。有研究发现，低自尊对青少年心理健康发展造成长久的影响，低自尊青少年更容易出现心理困境，如抑郁，这种影响会持续到成年期（Trzesniewski，Donnellan，Moffitt，Robins，Poulton，& Caspi，2006）。结果相似的研究还发现，低自尊青少年更容易产生外部行为问题，如攻击性行为、反社会行为等不良社会行为（Donnellan，Trzesniewski，& Robins，2005）。大量的实验研究表明，自尊与心理调适之间存在密切的关系。低自尊与高焦虑之间的关系得到了广泛研究支持。因为焦虑是神经症的核心特征，所以不难理解为什么低自尊青少年更容易发生神经衰弱症。此外，低自尊还会带来许多生理问题，如，低自尊青少年更容易发生胃痛和胃溃疡（Coopersmith，1967）。

1.4 保护青少年自尊的因由

1.4.1 他人觉察下的自我形象维护需要

自我形象维护是指向他人传达自我期望形象的动力（Schlenker，1980）。异质性高自尊者对别人对自己的看法非常敏感，经常以获得认可和避免尴尬等自我服务偏向的方式来维护自我形象（Katharina，2018）。因此，异质性高自尊者采用自我服务偏向的方式来进行印象管理，为了不影响他人对自己的看法，他们声称对事件负责。虽然，把成功归功于自己可以潜在地提升自我形象（Forsyth，& Schlenker，1977），但承担很多责任也会给自己带来负面影响，引发别人的反对（Miller，& Schlenker，1985；Weary Bradley，1978）。在崇尚谦虚的东方文化中，公开做出的归因比私下做出的归因表现出更少的自我服务偏向（Kudo，& Numazaki，2003；Cai，Huajian，Wu，Lili，Shi，Yuanyuan，Gu，Ruolei，Sedikides，&Constantine，2016）。这也是为什么在我们的研究中，非社交事件中异质性高自尊者会表现出自我服务偏向，而在社交事件中异质性高自尊者会表现出自我服务偏向的不一致性。

对自我服务偏向的进一步研究来自对社交焦虑者的研究。研究指出，社交焦虑水平不同的人在自我服务偏向风格上存在很大的差异。低社交焦虑的人有一种强迫性的风格，倾向于获得他人认同和身份提高，相比之下，高社交焦虑的人有一种谨慎的、保护性的风格，旨在避免社会的不赞成和身份保护。同样，不同焦虑者自我服务偏向带有一定的风险，因为他人的觉察可能会质疑自我服务偏向的真实目的。对于高社交焦虑的人来说，自我服务归因会表现出差异性。而高自尊的异质性会带来个体焦虑的差异性。根据这一关系推理可知，与安全型高自尊者相比，脆弱型高自尊者认为，对于失败自己应承担更多的责任。并且，他们否认自己在取得成功中的功劳，特别是当他们认为有他人觉察时。

1.4.2 失败感的自我觉察

结果与预期不一致往往给高自尊者带来失败感的自我觉察。高自尊者在行动之前，往往会对可能出现的结果做出预测和预期，例如，高自尊者在参加面试之前通常都知道怎样去准备能获得成功。但是，由于各种因素，这些预测和预期可能是积极的，也可能是消极的。比如，在某件事情上，经验丰富的高自尊者，可能拥有各种各样的认知机制，这些机制可以抑制、减弱，甚至消除当前的消极因素，从而促进积极因素发挥作用，使预测和预期得以实现。即使之前没有经验，异质性高自尊者也可能基于计划而有积极的预测和预期。高自尊者通常认为自己可以获得成功，而不是失败。此外，预测和预期往往与人们努力实现的目标一致，而不是与人们努力避免的目标一致。一般来说，结果要么证实人们的积极预期，要么否定人们的积极预期。当结果证实了积极的预期时，人们就不会去寻找结果产生的原因；相反，结果与预期不一致时，为了避免失败感，人们通常依赖于自我服务偏向进行心理调节。虽然结果与积极的预期不一致，人们也对失败进行了归因，但高自尊者不愿意将他们的能力和努力视为失败的因素，因为能力和努力往往是高自尊者积极预期的首要因素。

研究表明，失败感会导致不同的自我服务偏向归因，这说明了成功和失败体验在自我服务偏向中发挥的关键作用（Campbell，& Sedikides，1999）。当人们有成功感时，会表现出一种强烈的倾向，把成功归因于内部，把失败归因于外部。相反，当人们有失败感时，就不太倾向于表现出自我服务偏向，可能会表现出相反的结果。也有研究表明，低自尊者不太可能表现出自我服务偏向，因为他们体会到了更多的失败感，而高自尊者刚好相反。这也印证了为什么在本研究中成功和失败体验在异质性高自尊被试群体中会有自我服务偏向的差异性表现。

总而言之，高自尊者通常对将要发生的事情抱有积极的预期和期待。产生积极的预期和期待的原因可能反映了一个积极的心理过程。然而，一旦不符合预期和期待，高自尊者往往通过自我服务偏向归因来进行自我调节。

1.4.3 失败感的自我调节失败

高自尊者倾向于以高度积极、有利的方式看待自己，这种观点会使高自尊者更容易受到自我调节失败的影响。也就是说，当高自尊者必须做出决定，承诺自己能实现特定的目标时，这种积极幻想或过度自信应该会创造一种心理倾向：目标一定会实现。但当目标结果发生变化时，高自尊者则可能体验到更强烈的失败感且难以调节。比如，异质性高自尊者设定的目标高于他们的实际表现时，他们的内心就会出现一些不匹配带来的失败感。

对于异质性高自尊者来说，预测的结果和真正的结果往往是不对称的。安全型高自尊者设定过高的目标可能比脆弱型高自尊者设定过低的目标影响更大。如果脆弱型高自尊者的目标太低，成功的价值就降低了，但至少他成功了。相反，安全型高自尊者的失败是目标过高的结果（Ward, & Eisler, 1987）。如果失败比保守的成功更糟糕的话，那么，异质性高自尊者会选择普遍低于自己最佳能力的目标，即选择更加谨慎的目标，但事实上异质性高自尊者可能不会这么做。

因为对于异质性高自尊者而言，当他们选择一个比最佳目标更容易实现的目标时，这并不意味着一定会给他们带来积极体验。有大量证据表明，人们倾向于高估自己的能力和良好品质，高估自己控制结果的能力，高估好事发生在自己身上的可能性，所有这些都可能使人们倾向于选择高目标（Taylor, & Brown, 1988）。高自尊者自我预测的过程普遍受到过度自信的影响（Vallone, Griffin, Lin, & Ross,

1990）。这些膨胀的自我看法可能使人们更加自信，并保持与健康调整相关的积极情感状态，增加了做出过于自信决定的风险，从而更容易导致自我调节失败。

高自尊者往往会对自我威胁做出极端、非理性的反应，而调节方式与自我感觉良好有关。McFarlin和Blascovich（1981）的一项经典研究表明，高自尊者对初次失败后的表现往往比初次成功后的表现预测得更乐观。同样也有研究表明，高自尊者对失败的反应更持久（Christopher，& Liang，2013），即使这种坚持是徒劳的。这表明高自尊者对失败调节存在缺陷。在得到失败反馈后，高自尊者会通过对自己其他方面的评价来夸大自己的公众积极形象（Baumeister，1982）。当自尊受到挑战时，高自尊者甚至采取自我挫败的模式，如自我设限，减少与他人的合作（Tice，& Baumeister，1990）。这一错误的失败调节策略在一定程度上维护了高自尊者在一定范围内的自我形象，但存在潜在的自我毁灭的后果。

简而言之，面对失败，异质性高自尊者会更容易以错误的方式应对。他们想最大限度地提高自尊的想法，可能会影响他们的行为判断，导致他们总是期望以最佳的方式处理事情。但失败很可能是高自尊者为自己设定的目标过高导致的，这带来的失败感超出了他们的自我调节能力。在高自尊者复杂的自我调节过程中，他们可能会采用自我欣赏、乐观主义和其他自我服务偏向的方式来表现自我的积极感觉（Tice，1989）。在本研究中，安全型高自尊者和脆弱型高自尊者在失败情境中外显自我服务偏向、内隐自我服务偏向、延时自我服务偏向和即时自我服务偏向的差异表现，表明在失败情境下异质性高自尊者的自我调节存在差异性，也正是这种差异存在，导致自我服务偏向结果的差异性。对高自尊者与自我失败行为的研究也表明，对自我的判断错误会导致自我毁灭性的结果（Lupien，2013）。因此，高自尊者积极的自我认知，可能是其失败难以调节的最关键的因素，也是其失败后自我服务偏向差异性表现的重要因素。

第 2 章
青少年自尊发展的一般趋势

2.1 自尊的相关理论

2.1.1 自尊的异质性假说

自尊的异质性假说（heterogeneity of high self-esteem）认为，相对于内隐自尊，外显自尊对应的行为更具有多样性，同时这种多样性存在内外表现不一致性的情况。当受到威胁时，脆弱型高自尊者与安全型高自尊者会表现出不一样的应对方式（Baumeister，2003）。这一理论的提出使得研究者对异质性高自尊的认识更加深入，自此，异质性高自尊被研究者广泛关注。Stucke和Sporer（2002）的研究结果显示，自恋的个体在自我受到威胁时更容易做出报复性行为。虽然异质性高自尊与自恋关系密切，但事实上，并不是所有异质性高自尊者都存在自恋倾向，这进一步证实了异质性高自尊是存在不同类型的。

在很长一段时间内，并没有学者对异质性高自尊的内涵展开深入分析。Kernis（2003）首次提出异质性高自尊概念后，Bojana Bodroa（2014）对异质性高自尊的内涵进行了重新界定，认为异质性高自尊存在两种形态：一种为权变型高自尊（contingent high self-esteem），即偶然表现为较高的外显自尊；另一种为矛盾型高自尊（incongruent high self-esteem），即外显自尊与内隐自尊存在不一致性。并且，这两种形态常常发生变化。前者依靠反复验证的方式，并且按照符合一定优秀或完美个体的标准，或者以别人的期望作为标准，实现自我价值的增强以获得高自尊；后者表现出意识与潜意识层面的不一致性。意识层面的自尊就是外显自尊（explicit self-esteem），潜意识层面的自尊就是内隐自尊（implicit self-esteem）。研究者们往往选择外显自尊作为参考点，来比较内隐自尊与外显自尊是否一致，当个体表现出高外显低内隐自尊时就称之为不一致或者矛盾型高自尊，并视之为异质性高自尊的一种重要形式，即脆弱型高自尊。这也是异质性高自尊研究关注的重点。

2.1.2 双重态度模型

Wilson、Lindsey和Schooler（2000）提出了双重态度模型，该模型认为个体对同一个客体持有两种不同的态度：外显态度和内隐态度。根据自尊的双重态度理论，外显态度处于意识水平，内隐态度处于潜意识水平。外显态度需要更多的认知资源和动机去提取，是非自动化的过程，而内隐态度是高度自动化的过程。个体遇到态度对象时，会自动激活内隐态度，不需要认知资源和动机。在认知资源充分并具有相当多的动机的情况下，内隐态度更多地被屏蔽。但在认知资源和动机缺乏的情况下，内隐态度通常自动发挥作用（张丽华，施国春，张一鸣，2016）。同时，当一个人对某一特定客体形成新的态度时，原有的态度依然习惯性地存在于个人的潜意识中，原有态度依然会被自动激活。外显态度容易被改变，而内隐态度不容易被改变，两个态度体系相互独立，又相互影响。

2.1.3 认知经验自我理论

认知经验自我理论认为，每一个体拥有两个互相影响的信息加工系统——经验认知系统和理性认知系统。经验认知系统具有自动、不需要意识努力控制、不需要拥有更多认知资源、注重情感和直觉的特点；而理性认知系统具有意识信息加工系统。从认知经验自我理论视角可知，外显自尊属于理性自我评价系统，它反映了人们自我价值感的有意识性；内隐自尊属于经验自我评价系统，它反映了人们自我价值感的无意识性。经验认知系统表现出的是真实自尊的形式，而理性认知系统表现出的是理想自尊的形式，现实与期望之间的差距使内外自尊不一致的个体自我价值感差异明显。这种差异可能会破坏个人自我价值感的肯定性和安全性，从而促使个体通过自我服务偏向等手段努力寻求自我价值的保护和自我提升，以维护高自尊。

2.1.4 自尊的进化理论

Hill和Buss（2008）提出了自尊的进化心理学理论。自尊的进化心理学理论认为，自我心理是人类适应环境的个体特征的内部表征，是人类进化过程中所形成的特殊脑机制，这种脑机制是自然选择的结果，人类的各种适应性行为，如对健康、身体、声望、地位、吸引力、联盟和资源等方面的追求和获得，都将影响个体的自我心理。而自尊作为自我心理的重要组成部分，同样是自然选择的大脑机制运作的结果。自尊体现出了个体自我评价和自我情感的适应功能，其功能在于对自我状态进行监督，以便对自我心理和行为做出调整，解决个体在进化过程中偶然遇到或者经常遇到的适应性问题。自尊进化心理学理论认为，自尊的适应心理机制不是单一的心理结构，而是个体内部心理机制的集合体。这个集合体包含六个方面的心理机制，分别为：表征机制、监督机制、更新机制、评价机制、激励机制、行为输出机制。

表征机制。在进化发展的过程中，为了能够生存，人类需要同其他物种或者同类争夺自然资源、社会资源。这种竞争性行为需要正确的问题解决方案。方案的产生首先要考虑自己及他人的行为能力和行为结果，即对自己和他人的行为能力和行为结果进行预期。如果不能对自己和他人的行为能力和行为结果进行准确的判断，就可能功亏一篑，甚至死亡。因此，人类对自我能力的正确认识对于自身的生存有着重要意义。生存的需要塑造了人类特有的心理机制，人类对自我能力的内部表征恰是人类特有心理机制的反映，这种机制为人类提供了自我和他人能力信息的参考，帮助个体做出正确的行为决策。例如，人类在择偶的过程中，需要内部表征对自我的能力、地位和物质资源进行判断，进而形成一个择偶标准和期望，这帮助个体采取适宜的行为达到择偶成功的目的。尽管这种内部表征是极其重要的，但是人类的内部表征不仅仅包括社会关系的心理表征，还包括非社会行为的表征，比如在森林里迷路，找到回家的路等。由此可见，自尊的第一个心理成分就是个体对问题解决能力的表征。

监督机制。自尊的监督机制主要表现在个体对自己和竞争伙伴行为的监督上，尤其是与自尊相关的系列行为。个体将竞争伙伴的行为与自己的行为相比较，进而获得相应的自己行为的信息，确定自己行为的适应性，并对自己的行为进行调整，以便更好地达到预期行为。例如，为了追求自己心仪的恋爱对象，个体需要对自己和竞争者的有利条件进行监控，并根据获得的监控信息，适时地调整行为。

更新机制。在人类进化的过程中，个体解决问题的适应性能力并不是一成不变的，时时刻刻都可能发生变化。这种能力的变化可能源于成功或者失败、身体健康状态的改变、人生阅历的丰富、同伴关系的形成或者弱化、自我价值感的提升、年龄的增长及其他因素等。上述提到的诸多内在和外在因素都会影响个体的自我意识，进而影响个体的行为决策和行为策略，重塑个体的自我概念，这个重塑过程被称为自尊的更新过程。在自我意识的更新过程与监督过程中，自我概念得到了更新。更新过程与监督过程存在着本质上的不同，监督过程输出的信息可能造成个体的如下变化：个体的内部表征不发生变化；提升自己或者他人的能力及其他特征的内部表征；降低自己或者他人的能力及其他特征的内部表征。

评价机制。当个体感知到问题解决能力发生变化时，个体的自我情感体验也将发生变化，这种改变以自尊体验为区分标准。个体的情感会随着自我感知能力的变化而变化，说明自尊具有认知适应机制，我们把这种情感变化的认知适应机制称为自尊的评价机制。

激励机制。动机是激发个体选择最佳行为方式以应对当前问题情境的因素，这种行为方式与个体内部最新的心理表征相一致。也就是说，当个体的自尊受损或者提升时，个体会依据当前的这种内部心理表征制定相应的行为策略。例如，当遭到异性同伴的拒绝时，个体的自尊感会下降，下降的自尊感会激励个体减少或拒绝与异性同伴交往，以维护其名誉，或者努力让对方意识到自己的重要价值，降低自己的择偶标准等。由此可见，自尊的激励机制是个体依据自尊感的变化做出各种应对性的行为。

行为输出机制。自尊具有更新机制，说明自尊能够根据外界环境的变化对自我概念做出相应的调整，进而使个体产生更好的应对环境的策略和心理状态。随着自我感知能力的变化，个体问题的解决策略也将发生变化。我们将这种行为策略的变化称为行为的输出机制。自尊的行为输出机制说明自尊具有保护自己的防御性行为策略。比如，当个体面临他人的不接纳时，会实施各种行为策略来应对他人。这些行为策略有些是亲社会行为，比如，努力获得他人的接纳以恢复或者建立新的人际关系；有些行为是反社会行为，比如，增加对他人的敌意或者攻击性行为。

2.2 青少年自尊发展的一般趋势

从心理发展的角度来看，青少年阶段是个人人格发展的关键阶段。自尊是人格的重要部分，在青少年时期，自尊也会经历重大的发展和转折。国内学者通过本土化研究发现，我国青少年自尊的发展经历着先下降后上升的"U"型曲线趋势。张丽华、张索玲、侯文婷

（2009）研究发现，初二阶段是青少年自尊发展的低谷期。另有学者认为，高中阶段才是青少年自尊发展的低谷期。黄希庭、凤四海、王卫红（2003）研究发现，高三时期青少年的自尊会进入一个低谷期。也有研究者认为青少年在15岁和18岁左右，自尊的发展会出现两个低谷期（张林，2004）。国外学者Erol和Orth（2011）研究发现，除亚裔青少年以外，其他族裔青少年的自尊均出现稳中上升的趋势。虽然这些研究并没有采用同一测量工具和同一研究方法，但他们得出了一个共同的结论：青少年阶段自尊的发展会表现出一定的低谷期。可见，青少年低自尊的状态是可能存在的，有必要对其进行深入的研究。

2.3 令人费解的自尊保护方式

很长一段时间以来，"自我"一直是心理学讨论的重点。早在1890年，威廉·詹姆斯（William James）就认为自我心理学是"最令人费解的难题"。今天，随着对行为学研究的加强和现代脑成像技术的发展，对自我构成的研究又回到了心理学研究的前沿。最新的研究已经开始揭示自我相关加工的神经机制，来自不同领域的心理学研究者认为，人类认知中存在一种积极的偏向。根据这一观点，人们普遍以这样的偏向来寻求自己在环境中的正面形象，在现实事件中做出有利于自我的选择性解释，而忽视事件本身的多面性。Heider（1958）指出，人的认知不仅受客观事件的影响，而且还受个体的主观需要、欲望和偏好的影响，从而使个体的积极形象得以维持。这种积极的追求可以发挥适应性作用。Allpor（1937）将这种寻求积极自我的方法称为"个人保护脆弱的自我免受现实打击的一种方式"（即自我服务偏向的认识雏形）。Tiger（1979）指出，这种乐观已经通过自然选择过程在人类认知中普遍存在。Taylor和Brown（1988）指出，对自我抱有积极幻想的倾向是人类认知的一个广泛特征，可以维持心理健康状态。临床研究人员认为，积极认知偏向的破裂或缺失与正常功能的丧失有关，也可能与精神病理学有关（Gradin V.B., Pérez A., MacFarlane J.A., Cavin I., Waiter G., & Engelmann J., 2014）。

自我服务偏向是指人们倾向于将积极事件归因于自我本身，而将消极事件归因于外在其他因素的一种正性偏向，它是人们保持积极自我信念的一种重要方式（王小艳，2016；郭婧，2012）。对自我服务偏向的深入研究，源自人们对自尊的研究和认识的深入，特别是对自尊保护和提升机制的研究（黄仁辉，李洁，李文虎，2005；王小艳，2016）。张丽华（2009）研究认为，自我服务偏向的存在主要因为人有保护和提升自尊的需要和动机。通过综述以上观点认为，不同水平自尊者自我服务偏向的发生侧重于两种形式：一是自我增强，二是自我积极解释偏向。二者具有同样的主观目的，即维护和提升自尊，具有内在的积极自我价值指向性，都属于自我服务偏向的范畴。但二者又有所不同，二者表现特征不同，运行机制不同，最重要的是受益群体和表现形式存在一定的差别。

自我积极解释偏向指个体对事件积极的归因倾向，这种对事件的积极归因具有内在性、稳定性和全局性（Simon De Winter，Elske Salemink，& Guy Bosmans，2017）。它不同于自我增强，自我增强强调的是个体通过向下比较模式来获得自我良好的认知，表现出一种积极的自我提升，尽管这种提升可能不够真实。而自我积极解释是解释偏向的积极面，强调在对事件解释的过程中，对积极事件做出有利于自我的积极归因，对消极事件做出有利于自我的外部归因。对心理健康的人来说，自我积极解释偏向有一个限定模式，即对成功做出比失败更多的内部归因。内部归因通常被定义为对能力或努力的归因，然而，Abramson、Metalsky和Alloy（1989）认为，不能仅仅凭借归因的内在性来确定个体是否存在自我服务偏向。归因的三个维度模型认为，内在性、稳定性和全局性对自我服务偏向的探讨至关重要。具体来说，如果将负面事件归因于内部、稳定和全局性因素（如缺乏能力、人格缺陷或其他特征），可能与自尊心降低有关，但将负面事件归因于内部、不稳定和特定因素（如缺乏努力）则不会。当负面事件归因于内部、不稳定和特定因素时，个人可能会改变自己的行为以避免负面结果。相反，将负面事件归因于内部、稳定和全局性因素，意味着负面事件可能会在未来的许多领域重演，导致个体产生悲观或绝望的感觉（郭婧，2012；赵珊玲，2014；Lauren C.L.C.，Merel M.，Christopher C.，Elaine E.，Konrad K.，& Nick N.et al，2016）。因此，内在维度本身可能不足以建立一种完整的自我服务的归因模式，内在性、稳定性和可控性维度的结合对自我服务偏向全面认知至关重要，自我服务偏向不能被认为是一个单一的认知过程。随着人们对自我服务偏向研究的深入，也有学者逐渐把它同注意偏向、记忆偏向提到同一层面，认为其是认知加工过程中的一个重要环节。

综合以上观点，自我服务偏向是指个体的一种积极自我认知倾向，在具体刺激事件中表现为个体做出有利于自我提升或自我保护的解释（或归因）的动机性心理倾向。

第 3 章
青少年低自尊的心理与行为分析

3.1 低自尊的质性分析

低自尊在理论上应该划分为不一致型低自尊与一致型低自尊。传统的观点认为：自尊被界定为个体在意识层面或外显层面对自我的评价，通常采用自我报告的问卷形式来进行测量。随着内隐测量手段在社会认知心理学领域的兴起，人们认识到对人的内隐自尊加以研究也是可能的。许多研究者认为内隐自尊和外显自尊是两个完全不同的结构，外显自尊源自个体自我意识层面的自我信念，内隐自尊源自直觉的、自动的和非意识层面的自我评价。在这一理念的倡导下，研究者们认为，个体有可能存在外显自尊和内隐自尊的比例失调问题。而通过研究发现，确实存在外显自尊和内隐自尊的比例失调问题。高外显低内隐自尊又被称为防御型高自尊、脆弱型高自尊或者不一致型高自尊。内隐自尊和外显自尊均高，则被称为安全型高自尊或者一致型高自尊。还有一些研究关注不一致型低自尊，不一致型低自尊即表现出低外显自尊和高内隐自尊，这种低外显自尊被称为低自尊者"走向成功的抵御障碍的一丝曙光"（Zeigler-Hill，& Terry，2007）。这种低自尊的个体面对失败更加积极、面对困难更少设限，显现出更强的坚持性。而外显自尊和内隐自尊都较低的个体被称为一致型低自尊者或真实的低自尊者。这类个体表现出更多的心理和行为问题，与抑郁症有明显关联性，是自尊领域研究的热点。

　　低自尊与自我批评。自我批评是指个体倾向于根据一定的标准或期望对自我的消极评价，表现为长期的自我否定和害怕他人对自我的否定（Kopala-Sibley，Rappaport，Sutton，Moskowitz，& Zuroff，2013）。自我批评和低自尊被认为是导致个体抑郁的较为稳定的易损性人格特质。这里的易损性指容易导致某种心理问题产生和保持的心因性因素。尽管低自尊与自我批评有密切的联系，但二者之间还是有明显的区别。表现为，从概念上来讲，自我批评主要涉及的是在自我或他人设定的目标实现时的一种消极自我评价；低自尊主要反映的是个体对自我价值所持有的消极观点，并且与自我真实情况不一致。从发生的环境来讲，自我批评常常发生在长期批判和不支持的环境中，或者有条件的支持环境中。这种支持非常严苛，被限制在非常高的标准中，以致个体在孩童时代就在内心形成了一定的图式，认为自我价值不是稳定的，是因自我表现的差异而不同的。Dunkley（2010）的研究发现，由于情感虐待，儿童的高自我批评与低自尊之间存在显著的相关性，低自尊的发生是高自我批评及自我消极评价所致。具体来讲，长期消极的自我评价，加大了知觉到自我和理想自我之间的距离，从而导致个体在整体上对自我的消极评价（Dunkley，Masheb，& Grilo，2010）。

　　低自尊与自我增强。自我增强（self-enhancement）指个体选择性地关注、强调与夸大自我积极的方面，而不是缺点（Heine，2003）。典型的自我增强研究会考察个体是怎样以不太现实的、积极的方式看待自己。西方数十年的研究表明，自我增强是一种普遍和内在的动机。在自我增强情况下，个体对成功的回忆明显多于失败（Crary，1966），并感到自己优于一般大众平均水平（Alicke，Klotz，Breitenbecher，Yurak，& Vredenburg，1995）；内隐测验中自我与积极词汇的联系多于消极词汇（Greenwald，& Farnham，2001）。这些研究均表明自我增强的存在，具体表现为相对于消极的信息，个体对关于自我的积极信息表现出积极的趋向。自我增强动机对于现实生活的重要性非常明显，这种动机已被理解为影响人类行为的重要原动力。如，偏见（Noel，Wann，& Branscombe，1995）、攻击性（Baumeister，Smart，& Boden，1996）、人际关系（Murray，Holmes，& Griffin，1996）、心理健康（Taylor，& Brown，1988）、自我效能（Campbell，& Paula，2002）和认知失调（Steele，Spencer，& Lynch，1993）。

　　这种普遍存在的自我增强动机的重要适应功能引起了广泛的研究和讨论。例如，有研究认为，自尊是反映个体在重要社会领域地位微妙变化的有效计量器（Rosenberg，Schooler，& Schoenbach，1989）。恐惧管理理论（terror management theory）认为（Pyszczynski，Greenberg，& Solomon，2005）自我增强的动机能有效地缓解个体来自自身道德层面的焦虑。也有研究认为，自尊是一种当个体人际关系产生微妙变化时的有效检测器（Weisbuch，Sinclair，Skorinko，& Eccleston，2009）。这些理论表明一个共同观点：人们积极看待自我将有利于自身健康，个体甚至会因为维持这种动机而付出一定的代价（Baumeister，Smart，& Boden，1996；Paulhus，1998）。

3.2 低自尊者的认知特征

3.2.1 低自尊个体注意特征

注意的两大基本特征为指向性和集中性。在操作定义上表现为注意偏向、注意信息的敏感和维持程度。低自尊者注意偏向主要集中于两大方面：一方面表现为低自尊者对社会拒绝信息的注意偏向，另一方面表现为人际评价信息的注意偏向。注意偏向是指相对于中性刺激，个体对相应消极或积极刺激表现出不同的注意分配。低自尊者不同于高自尊者，他们会采取接受策略，避免再次遭受社会排斥的动机更强，对威胁自我的信息更加敏感，以避免遭受伤害。既往的研究表明，在经历社会拒绝和排斥情境后，低自尊者对人际拒绝性信息存在注意偏向，存在注意瞬脱困难的认知表现，而高自尊对人际接纳信息存在注意偏向。已有研究表明，低自尊者在遭受社会拒绝后会将注意力更多地聚焦于社会评价线索。根据社会计量器理论，在人际关系上较为成功的个体将会拥有更高水平的自尊；相反，长期归属感得不到满足的个体，自尊会受到威胁（Denissen，Penke，Schmitt，& Aken，2008）。一些研究认为，低自尊与自我感知的人际关系的敏感性之间存在联系。低自尊者对人际关系更为敏感，在人与人之间表现出更多的社会监视。通过"快速序列视觉呈现任务"的实验范式发现（Baroncohen，Wheelwright，& Jolliffe，1997），低自尊者对实验中的情绪和认知状态把握得更加准确。低自尊者对人际信息的注意偏向是其认知的主要特征之一。低自尊者这种注意偏向的特征，不能对其人际关系的改善起到积极作用。究其原因有两个方面：其一，低自尊者对社会拒绝信息和人际评价信息的过度关注，使他们不会将更多的注意力投入到真实的社交行为中去；其二，由于担心将自我暴露在社会拒绝线索下，他们会有更多的消极情绪体验（Richter，& Ridout，2011）。因此，他们不愿意修复自己的人际困难。低自尊者对负性情绪刺激存在显著的注意偏向，这种偏向源自生活中的负面情绪认知。Zeigler-Hill等（2012）通过脑电技术对低自尊者社会抑制线索的注意偏向神经机制进行研究，发现在这一实验情景下，低自尊者诱发出更为明显的N2pc成分（Li H.，Zeigler-Hill，Yang，Jia，Xiao，& Luo，2012）。张丽华（2016）研究认为，负性情绪启动调转会对低自尊者注意偏向产生影响。众多学者先后采用"点探测任务"范式、"空间线索任务"范式，均得出比较一致的结果：低自尊者对拒绝信息存在显著的注意偏向（张丽华，施国春，张一鸣，2016；Dandeneau，& Baldwin，2004）。另外，采用注意瞬脱范式研究也发现，防卫型低自尊者存在对拒绝面孔注意瞬脱困难的现象（Gyurak，& Zlem Ayduk，2007）。从以上研究可以看出，低自尊者有其显著的注意特征，与现有的研究结果是比较一致的。

3.2.2 低自尊个体记忆特征

依据信息加工的观点，记忆的特征主要表现在编码、存储和提取过程中。贝克的理论模型假设认为，低自尊者的心理模式认为自己是遭人拒绝、孤立无援、毫无价值和失败的，而低自尊者往往会选择性地记忆与其心理模式相一致的信息（Colombel，Gilet，& Corson，2004）。低自尊者对负性刺激中的某些信息存在显著的记忆偏向。记忆偏向是指在控制了一般记忆能力后，某种人格特质差异导致对某一特殊类型先前经验的回忆或再认有更好或更坏的倾向，表现为个体记忆检索中的某种倾向，且加强或削弱了特定的记忆内容（张丽华，曹杏田，2017）。Taforadi（2003）研究发现，与高自尊者相比，低自尊者对消极信息的记忆效果显著高于对积极信息的记忆效果。而且，Romero（2014）等研究发现，外显和内隐低自尊者对自我评价有关的消极信息均存在显著的记忆偏向。研究基本一致认为，低自尊者所表现出来的记忆偏向的发生机制是自动的，不受意识的支配。研究还发现，在编码水平上，高、低自尊的交互作用不明显，这也说明了编码水平不影响自尊和记忆偏向的关系。但在提取阶段，低自尊者的无意识自我怀疑动机促使他们无意识地加工积极信息，以平衡对自我的怀疑态度。

3.2.3 低自尊个体思维特征

思维是指个体对客观事物间接和概括的认识。思维的过程包括分析、综合、比较、抽象、概括、判断和推理等基本的过程。这些基本的思维过程在不同自尊水平个体的具体认知过程中，主要表现为不同自尊水平的解释偏向。解释偏向即在解释的过程中表现为以利己的方式解释或判断自己、自己行为及他人行为的倾向性。这种认知不是故意歪曲，而是偏离某种客观标准，或者按照不正确的标准去解释客观事实。这种倾向性以利己的方式对结果进行解释，会影响到自己、朋友及团体。这种倾向性具体表现为自我服务的归因偏好、对他人反馈的自我服务的反应偏好、自我服务的判断或控制偏好。刘明（1998）研究发现，高自尊学生更多地将学业上的成功归因于自己内在能力强或不断努力，低自尊学生更多地将学业上的失败归因于缺乏能力，将人际成败归因于外在、不可控的因素。对自尊与自我服务归因偏向关系的研究发现，高自尊者通常比低自尊者有更强的偏向。在公共场合下人们表现出自我服务的归因偏向是为了给人留下好印象，比如有时表现出自谦甚至自贬的归因，是为了避免过分自夸给人留下不好的印象。Brown（1988）设置了公开和私密两种情景，并给予被试积极或消极的表现反馈。结果显示，被试对积极结果做内部归因，对消极结果做外部归因，并且在公开和私下场合都如此。Mccarrey（1984）从认知的角度解释了大多数人将好的结果归因于己是因为他们一直在期望自己获得成功。然而，高、低自尊者对成功的期望是不同的，因而造成了他们在解释偏好上的差异。成功期望的不同可能在于不同水平自尊者之间的自我概念不同，高自尊者通常具有积极的自我概念，认为自己比他人好，自己在许多任务上都能获得成功，低自尊者则不会。因此，可以根据自我认识的信息加工的作用来解释自尊的自我服务偏向效应。

不同水平的自尊者对关于自己的评价性反馈往往会做出认知、情感反应，对相同的反馈他们之间可能存在不同的反应，从自我验证理论的角度来说，都有可能是为了使反馈与自我概念保持一致。高、低自尊者的自我概念存在差异。高自尊者的自我概念是积极的，而低自尊者的自我概念是中性的。另外，高自尊者的自我概念比低自尊者的更清晰，他们更确信自己具有及不具有的特征，也更期望获得成功。低自尊者带有相当大的不确定性，他们不确定自己是否拥有某种积极的品质或消极的品质。尽管不确定，但他们还是想在评价性情景中获得拥有积极品质的证据，同时避免获得拥有消极品质的证据。因此，他们也许会在评价任务开始前或之中做好应对可能出现的消极结果的准备，如自我设限、贬低任务的重要性等。因为他们做好了失败的准备，当失败真的出现时，尽管他们不快乐、不满意，但情绪唤起的程度较低。

3.3 低自尊者的自我意识

低自尊者除了有更低的期望之外，还具有不恰当的自我意识。例如，低自尊者在自我意识问卷调查中表现出更高的分数（Turner，Scheier，Carver，& Ickes，1978）。另外，一些有关自我意识的著作也表明自尊与自我意识之间存在负相关性。研究者将镜子作为自我聚焦效应的工具进行实验，发现低自尊个体在有镜子的实验组比没镜子的对照组所得的自尊评分更低，同时自我聚焦的刺激让被试自动地表现出低自尊的状态（Ickes，Wicklund，& Ferris，1973）。以下两个原因表明，过度关注自我会削弱低自尊者的表现：其一，低自尊会导致个体分配更少的注意资源于当前的任务；其二，低自尊者可能会过度关注自己的消极特征及其引发的焦虑情绪。已有研究表明，低自尊者会表现出更高水平的焦虑。

自尊的调节作用研究源自自我调节作用研究。社会心理学家Higgins（1987）提出了自我不一致理论，认为每一个体都有三个自我，即现实的自我（actual self）、理想的自我（ideal self）和应该的自我（ought self）。现实的自我、理想的自我和应该的自我之间差距越小，自我感觉就越好，自尊水平就越高。低自尊者的三个自我之间存在显著的差异，往往需要调节自己的行为以符合自我引导或使自我引导符合他人的标准，这一过程被称为低自尊的自我调节。低自尊者的自我调节是一种非常重要的特殊心理调控机制。

3.4 低自尊者的行为

3.4.1 低自尊者的一般行为

长期以来，心理学家和社会学家认为自尊与行为之间存在密切的关系（Caldwell, Beutler, Ross, & Clayton, 2006；Mason, 2001）。人们普遍接受一个基本假设：每个人都有积极评价和看待自己的基本需要。因此，获取自尊是人类行为的基本动力所在。心理学家、犯罪学家和社会学家已经广泛采纳这样的观点，并运用它解释大量人类的行为，包括不良行为、违法和犯罪行为。

大量研究者对低自尊与问题行为（如攻击性行为、反社会行为、物质成瘾等）进行了探讨，但结果是充满争议的。低自尊与问题行为的关系受到很多学者的质疑（Baumeister, Campbell, Krueger, & Vohs, 2003；DuBois, & Tevendale, 1999）。一部分学者认为，低自尊者会倾向于发生外化行为问题，如违法、犯罪和反社会行为（Woodward, Fergusson, & Horwood, 2002；Rosenberg, Schooler, & Schoenbach, 1989；Sprott, & Doob, 2000）。有些学者却认为，并没有发现低自尊与个体外化行为问题之间的关系（Bynner, O' Malley, &Bachman, 1981；Jang, & Thornberry, 1998；Hoge, & Mccarthy, 1984）。在这些研究的基础上，自尊研究的权威学者Baumeister、Bushman和Campbell（2000）提出，未来研究可以抛弃一个错误的观点，即"低自尊是导致暴力行为的原因"，同时，他们认为，不切实际的高自尊也可能与攻击性行为之间存在密切关系。

虽然充满争议，但低自尊与个体外化行为问题的关系得到了传统研究的普遍关注。Rosenberg（1965）认为，低自尊弱化了个体与社会的联系。根据社会链接理论，弱化的社会联系降低了个体与社会的一致性，导致个体与社会分离。正如人本主义心理学家罗杰斯所提出的那样，缺乏无条件的积极自尊感是导致心理问题和行为问题产生的关键原因。新弗洛伊德主义也认为，缺乏自尊感是问题行为产生的主要动力因素。正如Tracy和Robins（2003）研究的那样，低自尊者为了保护自己免受失败所带来的自卑和羞耻感，会将这种不良情绪转向其他人。因此，这些观点足以说明外化行为问题是由个体的低自尊所导致的。

　　总体来说，低自尊与许多消极情绪、情感和行为结果存在密切的关系。一些研究发现，低自尊与吸毒、酗酒之间存在密切的关系（Chen，Ye，& Zhou，2013）。如果低自尊有如此多的危害，那么提高自尊以减少低自尊的危害是十分有必要的，但是提高个体的自尊一般很难，因为低自尊者会让自己陷入不利于自己自尊提高的怪圈。例如，研究者们已经得出一致的观点：相对于高自尊者，低自尊者无论在何种情境下都表现出对自己更低的期望，有这种期望会导致个体不愿对自己的目标付诸行动（Rieger，Trautwein，& Roberts，2016）。所以，低自尊者的表现往往差于高自尊者就不足为奇了。另外，表现差会让低自尊者越来越觉得自己没有价值。所以，不仅低自尊是有害的，而且低自尊所具有的认知让低自尊一直维持也是有害的。因此，探索低自尊者的认知过程及其对认知的调节作用是十分有必要的。

　　低自尊被认为是各种烦恼的源头所在，但低自尊并不是一无是处。低自尊者期望得到他人的接纳，这也是低自尊的主要目的之一。一方面，为了能被其他人接纳，低自尊者会想尽一切办法达到目的。首先，低自尊者会做出很多让步，以求被他人欣赏，避免过多地与他人发生利益冲突。其次，在很多社会交往的过程中，与喜欢自吹自擂的高自尊者相比，谦虚低调的低自尊者会更受欢迎。最后，低自尊者对批评极为关注，使他们能更好地理解别人的需要。另一方面，善于考虑与自己不同的观点和别人的建议，能使自己站在他人的角度思考问题。低自尊者非常重视别人的建议，并认为这样可以让自己表现得更好。低自尊也可以成为成功的动力因素。例如，虚心接受他人的反馈信息使自己更容易及时调整行为,继而被别人接受(Dubois,Bull,Sherman,& Roberts,1998);愿意倾听不同的观点使自己能够更好地理解事情的现状或者问题;努力工作可以提升因自己能力不足而降低的信心。

3.4.2 低自尊者的不良行为

一般而言,研究者们将自尊分为两大类,即高自尊和低自尊,并分别检测其与不良行为的关系,很少有直接检测全体青少年的自尊与不良行为的因果关系的研究。既往的研究主要集中于具有不良行为的青少年,将他们与不具有不良行为的青少年进行比较以寻找两者之间的不同点。国内已对此展开了较为全面的探讨,来推测低自尊可能与不良行为有关。例如,有研究者发现对网络成瘾的青少年经常经历社会拒绝和否定,因此,他们的人际关系差且主观幸福感差,还会变得越来越害羞,自尊和自我评价水平也会越来越低(Perrella,&Caviglia,2017)。还有研究发现,与一般的学生相比,成绩差的学生会倾向于不喜欢自己,他们的健康状况更差,自我评价水平更低,甚至感到自己一无是处(Duru,Erdin Balkis,&Murat,2017)。然而也有研究认为,学业上缺乏自信的青少年在社会交往上会表现得更自信,但面对负性生活事件会表现出更多的自我责备和埋怨行为(Valkenburg,Koutamanis,& Vossen,2017)。

国外的研究主要集中于探讨低自尊与不良行为的关系。例如,在众多研究中最受人关注的是由卡普兰（Kaplan）等人提出的不良行为的自我减损理论。这一理论产生了广泛的影响和关注，它基于一个基本的假设，即每个人都有获取积极评价、避免消极自我评价的动机。因此，当个体面对消极自我感受时，会努力降低这种消极的感受而复原积极的自尊感。这一理论延伸出了两个假设。第一个为自我防卫假设。该假设认为低自尊对个体不良行为有激发作用。当青少年被一般同伴群体所排斥时，他们就会感受到不自信，表现出对这一群体不守承诺的行为，同时会更倾向于接触问题青少年，表现出不良的行为。因此，低自尊与不良行为之间有密不可分的关系。第二个为自我增强假设。该假设认为不良行为作为个体自我增强效应的体现与自尊密切相关。自我减损理论认为，与不良青少年交往和做出不良行为，能有效修复青少年因被拒绝而损害的自我感知。做出不良行为成为青少年避免因难以达到期望目标，或被拒绝导致自尊下降而进行自尊提升的有效手段，从而使他们能有效避免需要承认错误和遭受同伴拒绝的情况，同时又在他们心中建立起一套不正常的积极自我评价的标准。因此，不良行为的出现主要目的是希望自我能维持较为适宜的自尊状态（Kaplan，1996）。

早期有一些研究支持Kaplan自我减损理论的实验研究结果，但这些结果也存在不一致性。研究发现，自尊对不良行为的消极影响明显（Mason，2001）或影响十分有限（Wells，1983），同时有研究认为这种自尊对不良行为的影响是自我增强（Wells，1989）、自我贬低

（Jang，& Thornberry，1998）或者是微不足道的（Wells，& Rankin，1983）。

从上述的总结中我们可以看出，无论是国内还是国外，大量的研究都在关注低自尊与青少年不良行为之间的关系。研究结果主要显示：由于存在消极的自我评价，低自尊青少年更容易选择放弃；对来自老师和同学的社会拒绝信息更加敏感；更容易对传统的价值观提出挑战。许多对青少年问题行为的预防和干预都是基于这一假设，即低自尊是青少年不良行为和反社会行为的首要因素。一个最为有效的干预和阻止他们出现不良行为的有效措施就是培养他们的自尊、自信和自爱（Eastman，2004；Woolredge，& Hartman，1994）。总之，自尊与青少年不良行为之间应该存在线性关系，即低自尊者更容易表现出不良行为，而高自尊者更不可能表现出不良行为。

因此，至少有两个问题值得我们做进一步探讨。第一个问题是，高自尊与不良行为之间的关系被研究者们忽略。Baumeister（1996）提出了著名的自我中心威胁假设，解释了高自尊者表现出暴力等不良行为的原因。他的一系列研究成果认为，高自尊者更容易表现出暴力行为（Baumeister，Bushman，& Campbell，2000；Bushman，& Baumeiste，1998）。与高自尊者相比，低自尊者更害怕被拒绝，因此他们更不会表现出攻击性行为。相反，当高自尊者面对伤害性事件、消极的评价或者其他自尊受威胁的事件时，他们倾向于保护积极的自我形象，他们为了维护自尊会表现出敌对和攻击性行为。但这一观点很少有研究加以证实。因此，对自尊与不良行为之间的线性关系加以调查，并将高自尊和低自尊都加以考虑分析是值得研究的课题。

第二个问题是，各国青少年生长在不同的文化背景中，这些差异会导致不同的自尊发展趋势，并表现出与不良行为之间的差异关系。例如，各国父母之间存在典型的教养方式的差异。父母的教养方式大致可以分为三个类型：民主型、权威型和自由型。中国父母倾向于按照传统的教育观念，对孩子提出一系列要求并加以管教，家教一般表现出"严"的特征，更多采用权威型的教养方式。在中国，更多的父母会参与到青少年的学校生活中，而在有些国家则刚好相反。中国的青少年对父母更为依赖，更加服从于父母的期望。中国的部分父母并没有认识到这其实也会给青少年的成长带来压力，反而认为这是一种孝顺的表现。

在国外某些国家，青少年的成长过程因为缺乏父母的参与，他们可能会表现出更多的身份转换和人际交往的困难。而我国有些青少年在巨大的学业压力下会因难以达到他人的期望而产生困惑，或者因不知道如何在学业上超越同伴而产生困惑，因为父母和老师对他们的评价更多取决于他们的学业表现。即使他们在人际交往上表现得非常优秀，他们获得的也是比自我评价更低的他人评价（Jou，2001）。甚至有研究认为，在国外某些国家，当高自尊青少年的自尊受到威胁时，他们会倾向于表现出攻击性行为，这一问题在国内很少有人关注。

概括来说，既往的研究发现了自尊与青少年不良行为之间存在密切的关系，这些研究是基于低自尊是不良行为的风险因素和自尊与不良行为之间存在线性关系这一前提条件。当青少年的自尊被加强，他们出现不良行为的可能性就会降低。自尊和不良行为之间存在密切关系大多是国外研究者得出的结论，国内研究者较少得出此结论。国内主要集中于低自尊与不良行为的研究，高自尊与不良行为的关系被研究者忽视。考虑到文化的差异，国内青少年自尊与不良行为之间的关系是否具有独特的心理特征，是值得深入探讨的。

第 4 章
青少年异质性高自尊研究

4.1 异质性高自尊研究缘起

高自尊的心理品质是否有益于个体的心理健康发展还是一个争议的话题。一方面，研究者认为应该要努力提升个体的自尊水平，因为高自尊个体通常有着积极的认知、情感和行为等特征（Goddard，2016）。高自尊个体通常情绪更加稳定（Campbell，Chew，& Scratchley，1991），不会表现出神经质（Robins，Hendin，& Trzesniewski，2001），更少产生抑郁（Battle，1978；Tennen，& Afleke，2014）和社会焦虑（Fischer，Greitemeyer，& Frey，2007），拥有更高的生活满意度（Diener，Larsen，& Emons，1984；Myers，& Diener，1995），在工作和学习困难面前更具有坚持性和坚韧性（Mezulis，Abramson，Hyde，& Hankin，2004）。高自尊更有利于个体处理人际关系、适应社会。高自尊甚至一度被研究者作为衡量个体心理调适能力的重要标准（Baumeister，1998），以及解决社会问题的万能钥匙（Baumeister，1998；Mruk，1995）。另一方面，高自尊个体持有的高自我价值感及高自我防御性行为策略与其不健康的心理状况和社会关系的应对策略有着密切的关系。通过案例研究发现，高自尊个体比低自尊个体有更多的使用自我增强和自我保护，即自我服务偏向的策略（Christopher Tan，& Liang See Tan，2013）。

异质性高自尊理论假设的提出源于自尊和心理健康关系的矛盾结

论。Baumeister（1996）认为低自尊并不会导致心理健康问题，相反，拥有良好的自我观恰恰是产生心理不平衡的根源，当一个拥有良好自我观的个体受到批评或消极反馈的时候，他或她可能会对威胁的来源进行抨击。这一现象被称为"受威胁的自尊"。其他研究者发现，有些高自尊个体具有较强的心理健康水平，但有些高自尊个体心理健康状况较差。基于这样的研究结果，研究者推测高自尊可能存在着性质和类型上的不同，并且把这种现象称为异质性高自尊现象。相对于传统观点，自尊并非只存在一个简单的、非此即彼的区分框架，高自尊也可以进一步细分为不同的类型。依据不同的标准，可以将高自尊分成不稳定型高自尊和稳定型高自尊（Kernis，1993）、防御型高自尊和真诚型高自尊（Schneider，& Turkat，1975）、相依型高自尊和真正型高自尊（Deciet，2001）、一致型高自尊和不一致型高自尊。Kernis和Paradise等人（2003）通过对自尊研究文献的梳理，提出高自尊存在着两种类型：安全型高自尊和脆弱型高自尊。这也是异质性高自尊最被认可的提法。安全型高自尊个体拥有积极的自我价值感，内心充满自信，不容易受到周围事物的影响，尽管他们在遭受负面评价的时候也会出现消极的情绪，但他们能坦然接受自己的缺点和他人的负向评价，一般不表现出明显的自我服务偏向。相反，脆弱型高自尊个体虽然也具有积极的自我价值感，但他们的内心不稳定，容易受到负向评价、失败等消极反馈的影响，一般表现出明显的自我服务偏向。

脆弱型高自尊个体为了维持或者提升正性的自我价值感，会采用各种保护自己的防御性策略，比如攻击、幻想、不合理信念及盲目乐观等。尽管脆弱型高自尊个体对自己并非真正感觉良好，但是他们有急切地向他人展示优越感的需要，一旦外界对其做出负向评价，他们的行为就会具有较强的防御性。脆弱型高自尊个体最显著的特点是拥有高的自我价值感，但是在受到威胁时，容易受到外界的影响和伤害（Kernis，& Paradise，2002；Lupien，2013）。这种特点在社会心理学和人格心理学的研究文献中也多有论述。Rosenberg 和Owens（2001）认为，如果我们把自尊比喻成自我结构中的一座城堡，脆弱型高自尊这座城堡并不牢固，易被攻破，在受到威胁时，它还必须维持着自己作为城堡的高大形象。当脆弱型高自尊个体受到威胁时，他们会采用多种有关认知、情感、行为的防御性策略，如果没有这些策略，他们就有可能变成低自尊个体。在认知上，他们表现出消极的自我评价及自我认同危机、认知的合理化或者扭曲，他们会为自己的成功感到自豪，但是对自己的失败持否认态度等。在行为上，他们采用防御性的行为策略，如片面地夸大外在客观的阻力，为自己设置人为的障碍，以表明如果没有外界的障碍，自己本可以成功。在激惹情境下，他们会表现出反应性的攻击性行为等。在情感上，他们表现出愤怒和敌意。Baumeister（1989）认为，高自尊的核心成分是通过夸大或者自我提升的策略维持高的自我价值感。Tennen和Affleck（1993）认为，脆弱型高自尊个体所采用的这些策略可能不利于个体处理人际关系与提高技能。Bosson（2000）等人研究发现，脆弱型高自尊大学生比安全型高自尊大学生使用更多的自我增强策略，尤其在自我评价和未来预期方面。比如，脆弱型高自尊个体对未来充满了盲目的乐观，甚至夸大这种乐观；他们会表现出自恋的特质，声称自己有讨人喜欢的个性品质，并强烈渴望他人正向的评价。一旦他们的自我价值感受损，他们会进行反击，甚至会对威胁到他们自我价值感的人寻求报复。已有的研究表明，过度的自我增强会给个体带来人际关系和情绪处理上的麻烦。

安全型高自尊个体具有较强的安全感和定力，不容易受到外界事物的影响；他们能够表现出对自我的纳悦，不仅为自己的成功感到自豪，也能够接纳自己的不完美，具有较强的幸福感及很强的调节能力；他们不觉得自己必须要比别人优秀，他们的自我价值感更不是取决于他人的评价和认同。安全型高自尊个体就像和平时期的城堡，即使受到攻击也很少做出防御（Kernnis，2003）。安全型高自尊个体总是保持平和状态，很少通过自我提升和自我保护的策略来维持自我价值感和优越感。实际上，失败的威胁很难对安全型高自尊个体的自我价值感造成影响。这并不是意味着安全型高自尊个体对外界或者自己行为的结果没有情感上的反应，他们面对失败也会失落，面对成功也会雀跃，但是他们能对事情进行具体、客观和辩证的评价，不至于对自我价值感全面否定。安全型高自尊个体追求积极的行为结果不是为了维持高的自尊感，而是展示自己的真实能力和兴趣。总之，安全型高自尊个体内心充满了安全感，既不需要寻求别人的认同，也不容易感受到外界的威胁。

总而言之，安全型高自尊个体不容易受到失败的威胁，不依赖他人的认同来维持自我的高价值感，自我接纳程度比较高，对自己的优点和缺点能够欣然地接纳。同时，在人际关系中，安全型高自尊个体通常比较谦逊、温和、讨人喜欢，他们不会抓住一切机会向别人炫耀自我优越感。相反，脆弱型高自尊个体对自我价值感持怀疑态度，为了消除自我怀疑，脆弱型高自尊个体会无意识地利用一切机会采取自我服务策略来展示自己的优势。

4.2 异质性高自尊的类型

4.2.1 脆弱型高自尊与安全型高自尊

Greenwald和Banaji（1995）根据内隐记忆和外显记忆是两个独立的认知结构的研究结果，推断自我评价也可能存在着两个独立的心理结构——外显认知结构和内隐认知结构，进而提出内隐自尊的概念。外显自尊是个体意识层面的自我评价（Brown，1993；Kernis，2003；Rosenberg，1965），内隐自尊是潜意识层面的评价，具有高效、不受控制、无意识的特点。无论是早期的经典自尊理论还是近期的自尊理论，普遍认为，个体的外显自尊和内隐自尊均产生于个体与社会的交互作用，但是两者存在着心理机能上的分离。研究者认为造成两者心理机能上分离的原因是：外显信念和内隐信念的获得是通过两个完全独立的途径。外显自尊建立在有逻辑、有意识地对自我相关的反馈信息分析的基础上（Epstein，& Morlin，1995），这是一个复杂的认知过程，包括归因、自我觉知及自我设限等。相反，内隐自尊可以直接从情感体验中获得，这是一个自动、宏观和依靠直觉的过程（Epstein，& Morling，1995），内隐自尊与个体的先天气质有着密切的关系（Teglasi，& Epstein，1998）。

Christian Jordan（2003）研究认为，由于内隐自尊水平的差异，高外显自尊个体的行为具有多样性和差异性。在受到自我威胁时，高自尊个体表现出强烈的对自己名字中的首字母的偏好效应，研究者认为这有可能是高自尊个体通过内隐的自我增强策略来提升或者保护自我价值感（Jones，Pelham，Mirenberg，& Hetts，2002）。但Taylor和Bron等人（1988）研究发现，高自尊个体对名字首字母表现出不一致的偏好效应，有的高自尊个体表现出对首字母的偏好，而有些高自尊个体并没有表现出这样的偏好。研究者认为名字字母效应可能是由外显自尊和内隐自尊交互作用产生的，高外显低内隐自尊个体更容易表现出名字字母效应，因为高外显低内隐自尊个体更倾向使用自我增强策略，如通过自我强化、幻想等来维持高的自我价值感。为什么外显自尊和内隐自尊交互作用可预测个体的自我增强策略呢？研究者认为这需要追溯内隐自尊的起源。大家普遍认为，就自尊的发展来讲，内隐自尊要比外显自尊更原始，产生得更早。内隐自尊来源于个体早期与社会的交互作用，比如，安全的亲子关系、安全的同伴依恋及同伴支持关系等（Hetts，& Pelham，2001）。个体持有内隐的消极自我观可能因为个体在童年早期与养育者或者照顾者有着不良的亲子关系，但到童年后期，随着社会实践活动的增加，个体取得了更多的成就，受到了同伴的认同和欢迎，便获得了高水平的外显自尊。高的外显自尊和低的内隐自尊可以同时存在于一个人的自我系统中，形成个人的人格特质，即便个体成年之后，这种人格特质仍然影响着个体的认知、情感和行为。存在外显、内隐自尊差异个体的认知、情感和行为都表现出低自尊的特质。

脆弱型高自尊个体比安全型高自尊个体在人际关系上表现出更高的群体内偏好（Christian，& Jordan，2003）。群体内偏好是指个体对群体内成员持有积极的评价，他们相信群体内成员要比群体外成员具有更多好的人格特征，并且能取得更大的成就。Rubin 和Hewstone（1998）认为群体内偏好有利于增强个体的自尊感，具有自我增强的功能。这说明高外显低内隐自尊个体更多的是采用自我提升和群体外贬损的方式来维持或者保护自我价值感。唐春芳（2012）也发现高外显低内隐自尊被试比高外显高内隐自尊被试持有较多的群际偏见，更多地采用群体外贬损的方式。Goldman（2005）采用了"工作面试"的研究范式考察了外显自尊和内隐自尊不一致与群体外贬损之间的关系，研究发现，高外显低内隐自尊被试比高外显高内隐自尊被试具有更大的群体外贬损概率。高外显高内隐个体不会使用群体内偏好和对他人的负向反馈进行贬损的策略，因为他们认为这样的策略不利于与他人建立和谐的人际关系。

脆弱型高自尊个体比安全型高自尊个体使用更多的认知失调策略，以让自己确信行为的合理性。认知失调理论认为，自我观对个体的认知失调加工过程有着重要的影响。当人们的积极自我观和行为不一致时，人们就会产生认知失调。比如，一个聪明的人做出愚蠢行为的时候会产生强烈的认知失调，这个时候，该个体需要寻找一个恰当的理由，对自己的愚蠢行为进行合理解释，以降低内心的认知冲突，进而维持或者保护自我积极的价值感。我们把个体的这种行为称为降低认知失调的策略。认知失调理论认为，在自我受到威胁时，个体的认知失调程度更强，并且认知失调有"付出了就会喜欢""选择了就会欣赏""伤害了就会讨厌"的逻辑。认知失调的个体会为自己的不良行为寻找借口，还会在自己给别人造成伤害时进行开脱。

Christian Jordan（2003）采用自由选择范式考察了自尊和认知失调之间的关系。研究假设认为，高外显低内隐自尊被试对自由选择的结果使用了大量的降低认知失调的策略，因为自由选择过程的决策冲突会激发高外显低内隐自尊被试内心的冲突，决策困难会构成自我威胁，而为了维持较佳的自我价值感，他们会使用较多的降低认知失调的策略，赋予选择项目更大的价值，降低拒绝项目的价值和意义。相反，自由选择不会造成高外显高内隐自尊被试决策困难，也不会诱发其认知失调，高外显高内隐自尊被试也就没有明显使用降低认知失调的策略。也就是说，高外显高内隐自尊被试的选择不容易受到外在行为结果的影响，外显的行为结果不容易激发其心理冲突，即认知失调。

4.2.2 防御型高自尊与真诚型高自尊

在异质性高自尊理论基础上，Sechneider 和Turka（1975）提出了防御型高自尊和真诚型高自尊理论。真诚型高自尊个体拥有积极的自我价值感，防御型高自尊个体则没有，他们不承认自己持有消极的自我概念。内在的自我消极价值感和外在的高自我感觉的结合构成了防御型高自尊个体的自尊心理。防御型高自尊个体最显著的目标是保持或者提升自我在他人心目中的形象（杨娟，2009）。

研究认为，防御型高自尊个体专注维护良好的自我形象，具有如下人格特点：自信、自恋、自私、焦虑、敏感、雄心勃勃、傲慢、充满活力、冲动、较强的攻击性、强势、注重外表、优越感、爱出风头（Jennifer L.S.B.，Abigail E.C.，Rebecca S.A.，& Jessica F.R.，2012）。Reich（1933）认为，上述诸多的人格特点对个体的成长和发展具有重要的促进作用，如果是心理健康的个体具有上述诸多的人格特点，那么其将会高效地学习和工作，并会取得非常高的社会成就。但是，如果防御型高自尊个体具有这些特点，其身心机能将会受到干扰，容易产生虚荣心；当自尊受到威胁时，其感受到过度的羞耻心，容易产生抑郁情绪。

Coopersmith（1962）对 8 至 12 岁的被试进行研究，发现防御型高自尊个体有如下特点：高的成就需要，虚张声势，具有攻击性和冲动性，言过其实，行为绩效较差，人际关系适中，以自我为中心，对生活充满不切实际的幻想，社会退缩，对同伴的反馈容易做出否定的行为。Haider（1975）认为防御型高自尊个体具有如下特点：第一，在人际关系中更自信、自负，具有攻击性，做作、浮夸、炫耀、虚荣，拥有虚伪的高自我价值感；第二，采用更多的防御性行为策略来保护自己；第三，拥有高的成就动机、远大的抱负、专注的精神及较好的学习成绩；第四，以自我为中心，自恋的特质明显；第五，有更频繁和更极端的情绪变化，情绪体验较为深刻和明显；第六，会体验到更强的羞耻感。

4.2.3 相依型高自尊与真正型高自尊

相依型高自尊与真正型高自尊划分基于自尊具有权变性。自尊的权变性是指个体的自我价值感在很大程度上取决于外在的资源，这些资源往往是个体所认同的重要领域的事物（赵东妍，施国春，2019）。如，学业成绩、他人的接纳、成就等（Crocker, & Wolfe, 2001; Deci, & Ryan, 1995）。这些领域的失败将严重降低个体的自尊感，造成个体认知、情感、行为、人际关系等方面的伤害。例如，对于学生来说，学习成绩是非常重要的，他们的自尊感在相当大的程度上依赖于学习成绩的好坏，如果他们被自己所申请的院校拒绝，他们的整体自尊感将下降（Crocker, Sommers, & Luhtanen, 2002）；在人际关系上，他们也会认为如果自己的学习成绩不好，他们会不被同伴喜欢和支持（Park, & Crocker, 2005）。相依型高自尊个体依赖于他人的赞许获得人际关系上的安全感（Crocker, & Park, 2004），甚至把他人善意的信息理解成拒绝性信息。Crocker 和 Wolfe（2001）的研究表明，除了学习成绩和他人的赞许能够影响学生的自尊感，如下五个因素也将影响学生的自尊感：外貌、能力、家庭、爱和美德。

依据个体自我价值感对外在资源的依赖程度，可以将高自尊个体分成相依型高自尊个体和真正型高自尊个体。相依型高自尊个体具有高自尊个体的特点，夸大自我价值感与外在评价标准之间的关系，即个体的自我价值感取决于外在的条件和标准。如果满足某条件或者达到某一标准，个体就会有高的自尊感，反之，个体的自尊感将会下降。相依型高自尊与社会有着比较密切的联系，例如，如果一个人认为拥有足够的经济实力才会让他感到有意义，他就非常想成为富人。社会比较为相依型高自尊个体提供了强大的内在行为驱动力。

相依型高自尊个体为了获得目标所带来的自尊感，会想象个人可以采用任何方式来满足外在的标准，这些方式包括合理化、自我欺骗，以及其他不利于心理健康的防御策略，等等。相反，真正型高自尊建构在坚实的自我意识基础上，是个体所体验到的稳定、安全的自我价值感。真正型高自尊个体的自我价值感不取决于评价标准，而是真实地来自自我体验，很少去寻求外在的自我验证。由于具有安全的自我意识，真正型高自尊个体不会把金钱、名望和地位等象征身份的事物看得非常重要，这些身外之物不是他们获得自尊的基础。真正型高自尊个体具有更大的心理上的自主性和自由性，心理健康状况良好；而相依型高自尊个体获得高自尊感的条件是自我要满足某些标准，这些标准限制了个体内心的自主性。

相依型高自尊和真正型高自尊的区别关键在于个体获得自尊的方式或途径，即自尊是由内在因素决定的还是由外在因素决定的，由外在因素决定的高自尊是相依型高自尊，由内在因素决定的高自尊是真正型高自尊。自尊的相依型可能是脆弱型高自尊形成的根本原因，因为个体的自我价值感取决于外在资源，这就导致个体自尊感随着外在凭借物的变化而变化，自尊具有不稳定性。研究表明，高外显高相依型自尊个体要比高外显低相依型自尊个体采用更多的自我保护和自我增强策略（Kernis，2008）。Heppner和Kernis（2009）对相依型高自尊和真正型高自尊被试的归因偏好进行了研究，发现相依型高自尊被试表现出典型的自我服务偏向。他们将成功归因于自己的能力、努力等内在因素，将失败归因于任务难度、环境等外在因素；相反，真正型高自尊被试没有表现出自我服务偏向，他们对成功和失败的内在因素和外在因素的归因没有显著的差异。

4.2.4 不稳定型高自尊与稳定型高自尊

自尊保持稳定能充分说明个体拥有持续的积极自我价值感。自尊不稳定性是指个体的自我价值感容易受到外界环境的影响。自我价值感体验波动存在着多种形式，可能是个体自我价值感从积极体验到消极体验的戏剧性变化，也可能是自我价值感积极体验或者消极体验不同程度上的变化。自我价值感体验波动源于与自我相关的事件。自尊不稳定性表现在时间和情境上具有不稳定性。时间上的特征可以是从早到晚的不同，也可以是今天和昨天的不同；情境上的特征依赖于生活中的事件效价。不稳定型高自尊个体的自我价值感脆弱，容易受到伤害，缺乏对自我清晰明确的认知，内心充满了怀疑和迷惑，容易受到外在和内在因素的影响。Brockner（1983）认为，当一个人处于自我混沌、矛盾状态时，他们的内心不会为自己的行为及行为结果提供有意义的指导，他们会对遇到的生活事件做出不合理的反应。当情境结果或者事件结果是消极的时，个体过度的行为反应往往是不利的。

研究表明，不稳定型高自尊个体所持有的自我价值感普遍是脆弱的。与稳定型高自尊个体相比，不稳定型高自尊个体比较感伤，对自我的成功夸大其实（Kernis，Grenier，Herlocker，Whisehunt，& Abend，1999）。当所面临的事件与自我或者自我价值相关时，不稳定型高自尊个体会采取一系列防御机制。他们对于正面的反馈持积极的态度，对于负面的反馈持消极的态度（Kernis，Greenier Herlocker，Whisenhunt，& Abend，1993）。他们特别在意自我价值感的体验，过度关注自我的感受。他们会夸大某一事件或者自己行为的结果，比如，面对失败，他们会认为自己特别无能，感觉非常沮丧（Kernis，1998），事实上，事情远非他们想象得那么糟糕。他们会对威胁性信息的有效性和可靠性进行攻击（Kernis，1989）。与不稳定型高自尊个体相比，稳定型高自尊个体对自己的认知非常清晰，充满信心，明确自己的好恶，对自我价值感有充分的安全感，他们通常不会对评价性事件有极端的反应，因为这些事件对他们自我价值感影响较小。

Greenier（1999）等人认为，个体自尊的评价装置是由几个环环相扣的认知成分组成的。第一，注意成分，个体关注与自我评价意义相关的事件或者信息；第二，解释成分，个体倾向于把与自尊无关或者模棱两可的信息解释成与自我评价有关的信息；第三，概括化成分，个体倾向于把某一行为结果或者事件结果的具体自我价值感的体验泛化到对自我整体价值感的体验上，例如，一次数学成绩的失败就会令个体对自己的能力和价值感进行全面的否定。上述这些认知成分会被个体有意识地或者无意识地利用。Greenier（1999）等人对近期发生在生活中的事件让个体感觉更好还是更坏进行了研究，结果发现，与稳定型高自尊个体相比，不稳定型高自尊个体报告了更多发生在生活中的消极事件，他们更容易受到生活事件的影响，积极的事件让他们感觉更好，消极的事件让他们感觉更坏。控制了自尊水平这一变量，不稳定型高自尊个体对消极事件的反应过于敏感，那些与自尊感相关的事件更容易影响他们的自我感觉。Greenier（1999）由此认为，与稳定型高自尊个体相比，与其说不稳定型高自尊个体在日常生活中面临着更多的与自尊感相关的消极事件，不如说不稳定型高自尊个体对生活中的消极事件存在着认知上的偏好，尤其是那些与自尊感相关的事件。Waschull和Kernis（1996）认为，不稳定型高自尊个体对人际关系中的自我威胁事件更加敏感。

不稳定型高自尊个体比稳定型高自尊个体更易对心理机能和心理状态及人际关系进行预测。不稳定型高自尊个体表现出更强的反社会倾向（Kernis，1989），更容易陷入抑郁情绪；对自我缺乏清晰的认识，自我决定性较差，没有明确的目标追求。

第 5 章
青少年自尊保护的发生机制

5.1 自尊保护的理论基础

5.1.1 自我验证理论

自我验证理论是在自我一致性理论基础上发展而来的。自我一致性理论认为，个体从自我的视角、以自己为中心来看这个世界（Swann，Griffin，Predmore，& Gaines，1987）。进入自我价值系统的任何价值，如果与个体的价值不一致就不会被同化，而会遭到拒绝和排斥，除非发生了价值系统的重组。自我一致性动机是指个体试图在自我觉知与即将获得的信息之间寻求一致性。认知是基于它能满足预测事件的需要，情感是为了避免缺乏一致性导致的紧张和冲突的需要。

自我验证理论认为，人们不仅具有保持和提高自我概念一致性的需要，而且还需要他人来验证这种一致性，即希望他人对自己的看法与自己的看法相同（马晨，2015）。人有这样的需求有两个方面的原因：一是认知的需要；二是人际关系的需要。认知的需要表现为自我验证有助于维持自我概念的稳定性，只有拥有稳定的自我概念，才能预测他人的反应，也才知道自己如何对他人的反应进行反应从而获得对外界及自身的控制感和预测感（石伟，2011）。

不同水平自尊者在遇到自我威胁后选择不同的自我验证模型来解

释。低自尊者受两种相互对立的动机支配，一方面，他们期望拥有良好的自我感受；另一方面他们并不希望别人对他们有过高的评价，因为他们觉得没有能力达到这样的水平，他们会怀疑别人对自己的积极评价和友好是否是真实的。这两种相互对立的动机会使低自尊者处于左右为难的境地。低自尊者对于他人对自己的积极评价会感到困惑或不安，会担忧过于积极的评价反而不利于人际关系的发展（Swann，Rentfrow，& Guinn，2003；马晨，2015）。反之，当他人对自己的看法与自己对自己的看法相同时，人际关系的发展就会平衡和谐。

5.1.2 自我评价维护模型理论

自我评价维护（self-evaluation maintenance，SEM）模型，由Tesser（1988）提出，有效解释了不同水平自尊者在他人获得成功和失败评价时的不同反应。高自尊者在别人获得成功评价时感到骄傲和自我良好，而低自尊者则会感到嫉妒和悲伤（曹杏田，王安，程跃文，陈代红，2019）。SEM模型提出了两个基本的假设，用于回答这一看似矛盾的结果。其一，是人们需要维护积极的自我评价；其二，人们积极自我评价的方式部分地取决于周围的人所取得的成就，特别是核心社会支持系统成员所取得的成就。在这两个假设的基础上，SEM模型运用比较过程和投射过程对不同自尊水平者的心理过程进行了详细的说明。比较过程是低自尊者常表现的心理活动过程，他们认为自己亲近的人所取得的成就会对自己及自己的人际关系产生消极影响。而投射过程是高自尊者常表现的心理活动过程，他们认为自己亲近的人所取得的成就会对自己及自己的人际关系产生积极影响。

投射过程包括两个基本的成分，即亲近和表现。并不是所有人都能产生投射过程，只有高水平自尊者才会倾向于将与自己有亲近关系的成功人士进行投射，并认为这样的做法让自尊得到了更好的维护。SEM模型认为，亲近和表现这两个成分以乘积形式对投射过程产生影响。也就是说，如果个体不是社会支持系统的关键成员，那么不管他人表现得如何优秀，个体都不会通过投射来自我提升。一个亲近的人的良好表现既可以通过上述投射过程来提升个体的自我评价和自尊，也可以通过比较过程来降低个体的自我评价与自尊。但是对于低自尊个体而言，如果个体自己的表现没有亲近的人好，个体的自我评价和自尊就会降低，甚至会产生羡慕和嫉妒等消极的情感体验；平分秋色则不会对自尊构成威胁。

投射过程和比较过程具有相同的心理成分，但却对自我评价与自尊有完全相反的影响。到底自尊更多的是受到投射过程还是比较过程的影响，取决于不同水平自尊者对他人的表现与自我评价的相关性。他人表现的相关性高更可能引发比较过程，他人的良好表现会威胁个体的自我评价和自尊，产生对比效应，即个体面对社会比较信息时，其自我评价水平背离比较目标的现象。也就是说，个体面对上行比较信息时会降低其自我评价水平与自尊，面对下行比较信息时会提升其自我评价水平与自尊（张宇，2018）。

5.1.3 恐惧管理理论

恐惧管理理论（terror management theory，TMT）认为，人类大多数行为的基础是人类独有的死亡意识，尽管人类与其他生命形式一样，在生物学上都倾向于保存生命，但只有人类才能意识到死亡的必然性。人类为了缓解死亡意识带来的焦虑，克服因死亡意识带来的恐惧，转而去追求意义感和价值感，这就是自尊的来源（Schmeichel，Gailliot，Filardo，Mcgregor，Gitter，& Baumeister，2009；黄荷婷，2017；刘明妍；2018）。

自尊是个体维护文化世界观、坚持与文化世界观一致的价值标准的自我体验，任何对意义感和价值感的威胁都会引发焦虑，并影响自尊。虽然存在一定的文化差异性，但不同地区的人们都有相同防御性的心理功能，即让人从中体验到意义和价值，并因此能平静地面对死亡。尽管所有文化世界观在本质上都是虚构的，但由于受到社会舆论的肯定，人们坚信其是真实的。人们遭受到的与其信念不一致的事件，就是对其拒绝死亡、获得永生的信念系统的挑战，因而人们会对那些提出反对的人产生敌意。另外，没有任何一种符号性的文化建构可以对在现实上真正地战胜死亡、获得永生的信念系统发出挑战，而总会残余焦虑，这些焦虑会潜意识地投射到其他群体，使其成为"替罪的羔羊"。

人类不仅有减轻紧张、焦虑或恐惧的需要，而且还有许多与此相矛盾的天生的需要。例如，好奇的需要、探索的需要，甚至冒险的需要。这些需要既具有进化的生存价值，也给人类增加了危险，甚至增大了死亡的可能性（黄荷婷，2017）。这一现状可能与TMT的结果是相互矛盾的。对于这一问题，TMT用自尊的"双重角色"或功能的观点来予以解释。这一解释认为人类有探索新信息以驱动成长来丰富自己的驱力，也有通过防御来自我保存的驱力。这些驱力的作用可以理解为：追求自尊既非好事也非坏事，而只是人类用来调节其行为、应对其生存环境系统的一部分。从这一点我们可以看出，不同水平的自尊在应对恐惧时所发挥的作用是不同的。这也可以说明这一矛盾结果发生的可能。青少年阶段随着认知能力的提升，个体负性评价恐惧开始增多（王皓，苏彦捷，2014），青少年阶段自尊在其行为调节中发挥着极其重要的作用就不足为奇了。

该理论认为：第一，自尊具有文化性，是一种文化结构的表征。自尊是通过个人的信仰所获得的自我价值感，即人生存在的意义感。个体必须认同所处的文化世界观的有效性和价值性，并且把这样的文化世界观作为自我价值观的重要组成部分，以此作为自己的行为准则。个体也认为自己是所处文化价值观的遵守者和贡献者。由于文化背景的不同，不同的行为带给个体的意义不同，自尊感也不同。一种文化下的行为可能提升一个人的自尊感，但在另一种文化下，这样的行为可能会让个体的自尊感下降，让个体感到羞辱。

第二，他人对个体自尊维护有重要意义。尽管自尊是个体对内化了的文化价值观的自我评价，但是其他人对个体保持所处的文化世界观的信仰有着重要的影响，个体自尊的形成与个体对某一文化世界观的信仰的形成过程是同一个过程。当个体对现实的看法和对自我的评价与他人一致时，说明个体的世界观和自我观是正确的、客观的，是基于现实的自我反映；当不一致时，它将破坏个体对自己所处的文化世界观的信心和信仰。因此，自尊是个体所处文化世界的价值反映，依赖于社会的认同，其功能在于缓解文化世界带来的焦虑。

5.1.4 自我调节理论

Baumeister（1993）认为，当自尊受到威胁时，最大限度地保护自尊成为高自尊个体压倒一切的目标，因此自我服务偏向就应运而生。如他们可能采用自我幻想的认知策略，致使他们无法自知，无法清晰地认识周围的环境。这种比较差的自我调节能力促使他们高估自己的能力，设置的目标超出自己的能力。实际上，是他们把自己推向了失败的边缘。研究者认为高自尊个体自我管理的失败是个体出现一系列身心问题的根源，因此这类群体更容易出现拖延、暴力、攻击、暴饮暴食等表现。高自尊个体更需要通过自我调节来处理失败所带来的脆弱感，高自尊与高抱负有关（Baumeister, & Tice, 1985）。Roth、Snyder和Pace（1986）的研究表明，不切实际的高报复与失败密切相关。因此，自我调节在这一过程中起到了关键的作用。

5.1.5 社会计量器理论

社会计量器理论（sociometer theory）认为，每个个体都具有监控其人际关系质量的心理机制。具体而言，这种心理机制度量的是他人重视与自己人际关系实际状况的程度。社会计量器几乎连续不停地运转于焦点意识之外，当检测到关系质量可能下降的线索时（如受到他人排斥和拒绝时），个体就会产生消极情感反应，以此信号向个体发出警报。虽然个体并不需要有意识地时刻关注他人对自己的反应，但是却能够很快地感知到他人对自己的消极感受并做出调整来恢复关系质量（Leary, & Baumeister, 2000），自我服务偏向就成为维护人际关系事件的一种有效手段。

社会计量器这种机制源于人类的进化。人类之所以能很好地存活于世，在一定程度上并不是人类的自然生存能力强于其他物种，而是人类具有群体协同工作的能力，因此，切断个体与群体之间的联系，不仅意味着死亡，还意味着很可能失去传递基因的机会。这一规律在现代社会同样表现得十分明显，我们被他人接纳，融入群体，对我们的幸福感是重要的。正如Leary（2004）所言："由于在整个人类进化史中，社会接纳具有生死攸关的重要性，并拒绝灾难性后果，人类形成了一种调节与他人关系的心理系统——一个监视和反映与人际接纳和排斥有关事件的心理模块。"

社会计量器有两个特别重要的特征。第一，当社会计量器检测到关系质量差或下降的线索时，就会产生消极情感以警告个体。具体来说，社会计量器如同身体的其他系统一样，当遭受威胁到幸福的事件时，其会通过交感神经系统或不愉快的情感反应来发出警告，从而激发个体对事件的意义进行有意识的评价。社会计量器系统激发个体评价的是自己的社会接纳度，这种附带情感的自我评价就是社会计量器所称的自尊（黄荷婷，2017）。因此，根据这一理论的观点，自尊实际上可以被理解为个体人际关系好坏的内在度量或反映。当个体被他人接纳、重视、喜欢和爱时，个体的自尊就会上升，而被拒绝则会导致自尊下降（王旭，2010）。其他物种也许具有检测社会威胁的机制，但它们不太可能具有自我意识，因此这种情感警告不会伴随自我评价，也因此不能说明动物存在自尊。第二，当关系质量下降时，社会计量器不仅会通过产生消极情感的方式来警告个体，而且会激发个体调整自己的行为，让自己不再受到拒绝，努力增加被接纳的机会，以恢复自己在他人眼中的关系价值（马晨，2015）。不管他人在场与不在场的情况下，社会计量器都可以起到调节行为的功能，促使人们以社会接纳的方式行事。把特质自尊比作社会计量器静止部分的观点可以用来解释许多有关自尊的现象。个体由于害怕自尊落到低点，因而常常是小心谨慎的，以更警惕的目光来监控社会情境，因而也会更焦虑。

5.2 自尊保护的神经机制

自尊是自我系统的重要特质，对个体健全人格的发展具有重要的意义。研究自我的认知神经科学，为自尊的神经科学研究提供了可借鉴的参考。国外自我的认知神经科学研究，在Craik等人（2010）的开创性研究之后得到日益丰富，研究者们对自我脑成像技术的兴趣与日俱增。主要研究领域是大脑如何定位自我。Klein（2002）等人的研究发现，自我可能由6个在功能上彼此分割但又有交互作用的子系统构成，如个人的情景记忆、自我参照的表征、自我反映的能力等。

Keenan（2000）等人采用fMRI技术探测自我面孔识别过程中的大脑皮层激活，结果发现，当与熟悉面孔相比，自我面孔在更大程度上激活了右侧的前额叶皮层。Sugiura（2000）等人运用PET技术研究自我面孔识别，发现被动和自动自我面孔再认都激活了左侧梭状回和右侧缘上回，并且右侧前联合运动区和左侧脑岛可能对维持自我面孔的注意有关，由此推断出自我面孔识别更多涉及右半球。Perrin（2005）等人采用事件相关电位技术（ERP技术）和正电子发射断层成像技术（PET技术）探测了与"自我的名字"相关的大脑机制。研究发现，当个体听到自己名字的时候，P300成分的波幅增加，并且右侧颞上回、前额叶皮层的血流量也增加。

事件相关电位研究表明，低自尊个体在遭受社会排斥后更容易注意到厌恶面孔。被排斥感即被忽视和被排除是给人类造成高度创伤的一种经历。既往研究表明，自尊能很好地调节个体由于被排斥而带来的情绪反应和排斥恐惧；但是并不清楚这种调节效应是否导致被排斥个体认知机制的改变（Guan，Zhao，Wang，Chen，& Yang，2017；Yang，Guan，Dedovic，Qi，& Zhang，2012）。

国内学者朱滢和张力（2001）基于对正常人的脑成像研究认为，自我是由3个侧面构成的复合体：自我面孔识别中知觉的自我，自传记忆和情节记忆、保持记忆中的自我，以及自我参照、自我反省中思考的自我。这3个侧面各有其对应的脑机制，自我面孔识别发生在右侧大脑，而自传记忆主要与海马体有关，情节记忆提取主要与右侧前额叶有关，内侧前额叶（mPFC）的激活仅仅是自我参照的表征。

认知和情感是自尊的两个重要组成部分，而认知和情感也与自我评价密切相关。因此，自尊的神经机制可以通过自我评价的认知成分和情感成分的神经表征来反映。国外自我评价的神经科学研究者Craik（2010）在PET研究中发现，当和单纯的语义加工比较时，评价自我和评价他人都激活了中部和右前部的颞叶；当将评价自我和评价他人直接进行对比的时候，没有出现脑区的差异。Kelley（2002）采用fMRI技术所得到的结论与Craik（2010）的研究结果不一致，当将评价自我和评价他人进行对比时，发现评价自我激活了背外侧前额叶。对于不一致的结果，Schmitz（2004）等认为是不同的"他人"造成了差异，被试对"他人"的背景了解的差异，以及对"他人"已有的成见都会导致对"他人"做出不同的反应。此外，Schmitz认为背外侧前额叶的激活与自我加工相关。

Somerville等（2006）的研究发现，相比判断他人（或判断字形），当被试在判断特质形容词是否与其自我特征相符合时，他们的mPFC激活程度更强。Mackey等人对关于积极自我评价的神经表征进行了深入研究，采用双耳分听技术，实验结果验证了大脑左半球对积极的自我评价具有优势作用。国内学者张力、朱滢的研究发现，当和他人比较时，自我参照激活了内侧前额叶和扣带回皮层，但是和母亲比较的时候，自我参照并不激活内侧前额叶，这暗示了母亲可能和个体共同分享了这一区域，换句话说，在神经水平上，母亲也是中国人集体主义自我的一个组成部分。杨娟、张庆林（2008）采用ERP技术探测自我概念的大脑机制。被试用人格形容词对自我、亲近他人（爸爸、妈妈）和一般他人（雷锋）进行评价。结果发现，当和基线（判断人格形容词的感情色彩）相比较时，自我评价诱发了更多的P300成分，反映了个体对自我信息的注意；当评价自我与评价亲近他人相比较时，P300成分的波幅和潜伏期都没有差异，这反映了在中国文化中的自我概念包含了亲近他人，这与张力等的研究一致。在IAT测验中，个体需要将概念词和属性词进行归类，个体倾向于用积极词形容自己。因此，与积极词相联的自我词（相容条件）比消极词相联的自我词（不相容条件）更能诱发出P300成分。

自尊的脑神经科学研究表明，自尊与海马体体积呈显著正相关。Pruessner（2005）对不同年龄阶段中不同自尊水平个体的大脑进行结构性扫描，结果发现，相比高自尊个体，低自尊个体的海马体体积更小。他认为，海马体体积与记忆中的消极生活事件相关，由于低自尊个体缺乏正确看待生活中消极事件的态度，不能将负性生活事件进行合理的加工，因此，低自尊个体的海马体体积更小。研究发现，内侧颞叶子系统与自尊有一定的关系。Somerville（2010）研究发现，低自尊个体会低估他人的反馈，表现出腹侧前扣带回皮层（vACC）并向前延伸到mPFC的激活程度增强；反之，高自尊个体会高估他人的反馈，表现出mPFC的激活程度减弱。

自尊作为一种稳定的人格特质，具有相对稳定的认知神经基础。从脑与神经结构上来说，个体的自尊水平与海马体、杏仁核等有关记忆和情绪的脑区密切相关。低自尊者海马体体积显著小于高自尊者，自尊水平与海马体体积之间呈现显著的负相关（Wang，2016）。低自尊者的社会评估与社会评价相联系的神经物质基础是腹内侧前额叶皮层（vmPFC）。研究表明，腹内侧前额叶皮层既是个体对他人进行评价的神经基础，也是个体对自我进行评估的神经基础，它包括广泛的多层区域，例如前扣带回（ACC）和眶额皮层（OFC）。这些区域之间存在远距离的链接，并且被认为是评估、社会学习以及它们之间发生关联的重要区域。研究表明，前扣带回后部（pgACC）反映出个体在社会环境中的成功和失败。背内侧前额叶区域（dmPFC）反映人际互动情况。作为影响自尊的关键神经基础的前扣带回后部在对自我进行主观评价时比真实评价时有更大程度上的激活。

神经系统学的研究也显示，不管是正面的还是负面的互动都会影响到孩子脆弱的化学平衡和正在发育的大脑神经系统。神经系统专家Lise Eliot（2011）引用了一项由华盛顿大学研究员所做的研究，该研究比较了低自尊且抑郁的母亲和无抑郁的母亲所生孩子的脑电图，结果发现，低自尊且抑郁的母亲所生的孩子到1岁左右，会形成与其他孩子不同的神经反应通路。这些研究，均能说明低自尊有其独特的神经机制，但现有研究缺乏对这一问题的系统探讨。

5.3 自尊保护的自我调节机制

既往研究表明，自尊具有适应作用，这种适应表现为一定的调节作用，自尊的调节作用具有普遍性。自尊的调节作用主要反映在不同水平自尊者对威胁情景的防御上，它不仅影响个体的防御过程，还影响个体对防御结果的选择。高自尊者和低自尊者都能积极面对外界关于自我的积极信息，二者之间调节作用的差异主要表现在对消极信息的调节上。消极信息源自个体现实自我和理想自我的不一致，会导致焦虑、抑郁，为了更好地维护自我的健康状态，需要不断进行自我调节。

一般观点认为，高自尊者拥有更为积极的自我调节能力。有研究证据表明，高自尊者在自尊受到威胁时会通过自我调节形成积极的干预。当个体的行为更多受内在的抱负和期望而不是外在环境因素影响时，自我调节便会发生（Kirschenbaum, Tomarken, & Humphrey, 1985）。个体越是尝试实现自己的目标就越容易受到其自我调节的影响。

低自尊与自我调节。低自尊者的自我调节常常与他们过低地估计自己的能力和制定一些更易实现的目标密切关联。由于这些目标没有挑战性，他们获得的回报很少，必将导致不恰当的自我调节的出现。低自尊者选择不具有挑战性的目标，原因一是低自尊者认为自己的表现差于高自尊者。他们选择不具有挑战性的目标是想让其与他们的能力相符合。同时，低自尊者缺乏自我清晰的认知，不愿意付诸行动，从而给自己制定一些不具有挑战性的目标。原因二是低自尊者更关注的是自我保护，不希望失败给自我形象带来消极影响。而高自尊者更关注的是加强自我的公共形象。因此，在自我保护的过程中，低自尊者更愿意选择一些心理行为策略减少失败对自我形象的影响，如设置自我障碍、找借口等。通过给成功设置自我障碍，低自尊者就不会因为其表现得不良而受到外界的关注。

高自尊的调节作用表现。在不考虑不同种类的社会拒绝信息的情况下，研究普遍认为高自尊能有效地缓解焦虑、抑郁和恐惧等消极情绪（刘明妍，吴师，王妍，张馨心，杨娟，2017）。人们在遇到威胁信息后会削弱负面信息给自己带来的不利影响，从而倾向于关注自我的优势信息。这是高自尊者在调节中常用的补偿策略。高自尊者会通过提高自己的防御性和趋向成功的动机，使自己不断向预定的目标前进。在面对死亡威胁信息时，高自尊者会更容易做出冒险行为。同时，高自尊者会有更加清晰的自我构建，更加关注自我，对待突如其来的情况会持更加乐观的态度，更愿意去提升自己。由于高自尊者有良好的自我构建，对自我拥有积极乐观的认识和评价，因此，他们对社会拒绝信息会更加积极地应对，且应对威胁的能力更强。根据自我验证理论模型的观点，人们更愿意加工与自我构念一致的信息。受到威胁后，个体会加强自我确认的动机。高自尊者会更多地强调自我积极的方面。

低自尊的调节作用表现。自我威胁主要是由人们当前的自我感受和理想的自我感受之间的差异造成的。当个体受到自我威胁时，低自尊者会降低对自我的原有期望，以适应当前受到的威胁，而不是对现有信息进行否定。他们在困难面前会更加谨慎、羞怯和拘束，并避免发生冒险行为。低自尊者没有清晰的自我构念，他们较依赖于别人的认同，不愿意进行自我提升，且倾向于承认关于自我的负面性反馈，这与自我验证理论模型的观点是一致的。还有研究认为，低自尊者难以正确提取消极事件的情境信息，从而容易将消极事件与自我相联系。

第 6 章
青少年自尊保护方式

6.1 自尊与自我服务偏向

从理论上讲，自尊与自我服务偏向的关系有四种可能性。第一，低自尊者更容易表现出自我服务偏向；第二，低自尊者不太可能表现出自我服务偏向，缺乏自我服务偏向可能是低自尊的主要原因（Crocker，Thompson，McGraw，& Ingerman，1987）；第三，高自尊者和低自尊者自我服务偏向没有差别；第四，高自尊者和低自尊者都有可能表现出自我服务偏向。关于这个问题，已有的研究得出了许多矛盾的结论。有研究表明，高自尊者比低自尊者更容易表现出自我服务偏向（Donald G.G.，& Jon L P.，2011）；还有一些研究表明，高自尊者和低自尊者表现出自我服务偏向的情况不同（Hui-Jing LU，2013）。

一些研究者认为，低自尊者更需要自我提升（Blaine B.，& Crocker J.，1993）。另一些研究者则认为，低自尊者缺乏自我增强的动机（Audia P.G.，Brion S.，& Greve H.R.，2015）。也有研究者认为，低自尊者有不支持自我服务偏向的自我概念和期望（Shrauger，1972），其自我提升是间接的，而不是直接的（Brown，Collins &Schmidt，1988），或者是被动的，而不是主动的（Gibbons，& McCoy，1990）。还有研究者认为，高自尊者倾向于自我增强，而低自尊者则倾向于自我保护，这导致他们在不同情况下使用不同的自我服务偏向

（Baumeister，Tice，& Hutton，1989）。

研究表明，高自尊者比低自尊者有更多积极和明确的自我概念，但高自尊者和低自尊者对自我服务偏向的重视程度应该没有本质的不同。自尊具有异质性可能是解释这一矛盾结果的最好发现。

有研究者认为，高自尊者比低自尊者具有更强烈的自我服务偏向。Fitch（1970）让高自尊和低自尊被试经历了成功或失败，并测量结果的归因。他发现，高自尊被试比低自尊被试更多地将失败归因于外部因素，但高自尊被试并不比低自尊被试更多地将成功归因于内部因素。换句话说，与低自尊被试相比，高自尊被试表现出明显的自我保护倾向，但并没有表现出更多的自我提升。使用类似的方法，Ickes和Layden（1978）发现，高、低自尊被试都将积极的结果更多地归因于内部因素；对于消极结果，低自尊被试往往归因于内部因素，而高自尊被试则将其归因于外部因素。因此，高自尊被试表现出自我增强和自我保护的偏向，而低自尊被试则表现出自我贬低的偏向。

自我服务偏向可能还与被试群体因素有关。在Schlenker、Soraci和McCarthy（1976）的一项研究中，高自尊和低自尊被试共同完成一项团体任务。在操纵团队成功或失败之后，通过让被试评估他们受其他团队成员影响的程度来衡量归因结果。当团队取得成功时，高自尊被试常说他们的想法没有受到小组其他成员的影响；然而，当团队遭遇失败时，高自尊被试便声称他们的想法受到了小组其他成员的影响。低自尊被试报告说，他们的想法在成功和失败条件下均受到小组其他成员的影响（Schlenker，& Miller，1977）。这一结果表明，高自尊者存在明显的自我服务偏向，低自尊者则不存在。

　　自尊差异也影响了假设或想象事件中的归因。归因风格问卷（Seligman，Abramson，Semmel，& Lvon Baeyer，1979）评估了好和坏假设事件中的归因。研究表明，高自尊者倾向于将积极事件归因于内部、稳定和整体因素，将消极事件归因于外部、不稳定因素。也就是说，高自尊者在对假想事件的归因上既有自我保护，又有自我提升。低自尊者对积极和消极事件的归因相对公平，更低自尊者似乎表现出一种自我贬低的归因风格（Tennen，& Herberger，1987）。

　　自尊与抑郁症高度相关，在研究抑郁症患者和非抑郁症患者对积极和消极结果的归因时，得到了类似的结果。与非抑郁症患者相比，抑郁症患者倾向于将消极结果归因于内部、整体和稳定因素，而将积极结果归因于外部、具体和不稳定因素（Peterson，Schwartz，&Seligman，1981；Rizley，1978；Sweeney，Anderson，&Bailey，1986）。而非抑郁症患者的归因则表现出强烈的自我服务偏向（Asackheim，& Wegner，1986；Lahoud N.，Zakhour M.，Haddad C.，Salameh P.，Akel M.，& Fares K.，2019）。

　　综合上面的观点可以看出，自尊和自我服务偏向的关系是不稳定的，高自尊者自我服务偏向具有跨事件、跨情景、跨群体和个体间具有差异性、群体内表现出差异性的特征，但并没有研究者对这一分歧进行深入的讨论。

6.2 自我服务偏向研究范式

6.2.1 "优于一般"范式

典型的自我增强研究会考察个体是怎样以不太现实的、积极的方式看待自己。自我增强是一种普遍和内在的自我服务偏向的动机。大致的研究方法为：通过回忆考察，在自我增强情况下，个体对成功的回忆明显高于失败，并感到自己优于一般大众平均水平（Alicke，Klotz，Breitenbecher，Yurak，& Vredenburg，1995）；用内隐测验的方法，检测出自我与积极词汇的联系多于消极词汇（Greenwald，& Farnham，2001）。这些研究均表明自我增强的存在，具体表现为相对于消极信息，个体对关于自我的积极信息表现出积极的趋向。这种方法适合直接考察自我服务偏向，适合外显自我服务偏向的考察，但可能不适合东方文化下的个体自我服务偏向的考察。

6.2.2 模糊事件解释范式

模糊事件解释范式，是一种将自我报告法和等级评价相结合来研究积极自我服务偏向的考察方法。首先让被试理解一段事件材料，然后让被试说出自己的理解或是从提供的选项中选择一个更适合自己情况的答案。这种方法在研究自尊与解释自我服务偏向的关系中经常用到。这种方法的创立者是Butler和Mathews（1983），后来许多研究者开发了此类研究方法的变式，所有这些研究范式的变式运用到自我服务偏向的研究上，都可以概括为以下步骤：首先给被试呈现一个信息含糊的事件，然后让被试把自己置身于事件中，并要求被试记录下头脑中的第一想法。事件呈现结束后，研究者会向被试呈现一系列事先编码好的解释，如果积极解释在头脑中出现的顺序靠前，被试得分越高，说明被试的自我服务偏向越明显。考虑到实验材料需要一定时间理解，因此，这种方法适合延时自我服务偏向的考察。另外，这种方法将非自我服务偏向和自我服务偏向的产生看作相对独立的过程，有利于探讨自我服务偏向的发生机制。

6.2.3 词、句判断范式

词、句判断范式首先给被试呈现包含情绪信息的同形词或含糊情绪效价的句子、语段，然后要求被试对这些词或句的情绪效价进行判断，或者通过其他间接手段来判断被试在不同效价信息材料上的关注时间、记忆效果、性质判断等。具体的研究方法：延迟再认记忆范式（Eysenck，1991）、词汇决策范式、阅读时间范式（Calvo，& Eysenck，1997）、命名与理解范式（Calvo，& Castillo，2001）等。这些方法对探讨即时自我服务偏向，有一定的可行性。此外，实验材料由实验者安排与呈现，因此无法排除实验者效应的影响。同时由于实验过程中涉及词句信息的理解，所以也受到被试语词理解水平的影响，这种方法也存在一定的缺陷性。

6.2.3.1 图片、表情判断范式

也有研究采用非言语刺激，如通过表情图片、情景图片、故事图片来验证自我服务偏向的存在。这种方法的最大优点是能不考虑被试的文化水平，排除掉言语理解水平差异对实验结果的影响。实验往往将两种情绪图片放在一起，按比例融合呈现，然后让被试对这些表情的效价进行评定，来探查自我服务偏向是否存在（Richards，2002）。或者给被试呈现一些故事图片，设置不同的威胁感受阈限，再让被试来猜测故事的结局，从而考察自我服务偏向是否会发生。这种方法是测验即时、内隐自我服务偏向的有效方法。

6.2.3.2 情景判断范式

情景判断范式通过向被试构建社交情境（如对话交流、公开演出等）的方法来考察自我服务偏向。例如，将被试安排在一个公开的模拟上课的情景中，让听众在不同的时间段做出不同的行为，如发呆、睡觉、咳嗽等，要求被试持续上课，同时提醒被试关注听众的反应，告诉被试上课的质量将由听众来判断。上课结束后，被试需要对听众行为的感知度进行评判，并对这些行为做出自己的解释，以此来研究自我服务偏向的特点。这种方法能让被试身临其境，更接近现实生活情景，生态效度最好，但费时费力，需要真实实验场景的支持，一般很难在实验室开展，是研究延时、外显自我服务偏向的有效方法之一。

6.2.4 责任归因范式

责任归因范式是自我服务偏向的主要研究范式，该范式通常是通

过考察人们的外显责任归因来进行的。研究的基本思路：首先给被试呈现一系列事件或刺激，这些事件包括反馈成功（积极反馈）和反馈失败（消极反馈）的；然后要求被试直接对事件进行责任归因。通过比较人们对成功（积极反馈）和失败（消极反馈）归因的差异，来揭示自我服务偏向是否存在（王小艳，2016）。这类研究通常有三种方法。第一，采用假设的生活事件。比如，积极事件"获奖"、消极事件"解雇"，要求被试想象这些事件发生在自己身上的情况。第二，通过实验操作生成成功或失败的反馈。研究者通常要求被试完成一项测试任务，然后给予其成功或失败的结果反馈。第三，采用真实发生的生活事件，比如成绩进步很大（积极事件）或成绩退步很多（消极事件）。对自我服务偏向的测评主要采用以下几种方法。第一，在自我和他人的双人合作任务或人际互动事件中，要求被试将自我和他人对事件的贡献度和责任归因进行评价。第二，在反馈类别项目上，对自我服务偏向进行测量，要求被试分别在自我有关的项目（能力、努力等）和其他的项目（运气、任务难度等）上对事件发生的原因进行内归因和外归因的评价（王小艳，2016）。第三，在归因维度上，进行自我服务偏向测量，要求被试就事件发生原因的内在性、稳定性和可控性进行评价。

6.2.5 隐含关系辨别范式

考虑到以往研究多在外显责任归因中揭示自我服务偏向的存在，

中国学者郭秀艳团队结合前人研究的基础提出了考察内隐自我服务偏向的新方法，即通过隐含关系事件考察内隐自我服务偏向。研究者考虑到了，在实验设计中，人们在实验室的归因几乎没有明确的、可依据的外在线索和标准，而真实的日常生活事件是具有内在逻辑的，也就是说人们对人际事件的归因有一定的评判依据和线索。例如，每个事件句子的呈现应该包括主语、隐含关系的动词和宾语，如"李四喜欢张三，因为他很好"和"李四保护张三，因为他很好"，让被试回答导致这个结果的是谁。备选项有"F：李四，J：张三"，或者"F：张三，J：李四"。大多数人把前一句子中所描述的事件归因于"张三"（事件的接受者，句子的宾语），而把后一句子中所描述的事件归因于"李四"（事件的实施者，句子的主语）。这些简单句能够对事件的发生产生不同的因果指向，主要受描述事件本身隐含因果关系的动词的影响。隐含因果关系的动词是指某些动词本身隐含着事件发生的起因，能够产生因果关系推理（王小艳，2016）。由于隐含因果关系的动词对事件的发生具有隐含的指向，使用这类动词就可以构建具有隐含因果指向性的人际事件，而不是直接考察自我服务偏向。如果把隐含因果关系的人际事件中的实施者或接受者替换为自我，例如"我殴打张三"和"张三殴打我"，就可探讨当人际事件中存在内隐关系时人们的自我服务偏向。为了排除这种内隐关系效应的影响，可以将与自我有关事件中"我"出现的主语和宾语的次数进行均衡，从而操纵隐含因果关系对自我服务偏向的影响，重点考察内隐自我服务偏向的发生情况。该方法是有效测量内隐自我服务偏向的方法。

6.3 青少年自我服务偏向的影响因素

6.3.1 文化因素

自我服务偏向的文化差异性研究源自Heider的归因理论观点。Heider（1976）认为自我服务偏向的因果归因有助于保持自尊，这一观点也可以预测不同文化群体中成功和失败归因的不同模式。一个可能影响归因模式的跨文化差异，是个人主义和集体主义文化价值取向上的差异。在个人主义文化中，如大多数西方文化，优先考虑个人的目标和身份（Triandis，1989）。在集体主义文化中，优先考虑大家庭和文化群体，个人被视为不是独立的，而是与这些群体相互依存的（Ryan S.H.，& Michael E.W.V.，2017）。Markus和Kitayama（1991）提出，个人主义文化将行为和事件与个人的内在思想和行为联系起来，而集体主义文化则认为行为受他人的影响更大。个人主义文化中的个体可能会对行为做出倾向性而非情境性的解释，而集体主义文化可能有强调情境因素的理论。集体主义文化中的个人通常认为自己的行为受到语境和社会关系的强烈影响。

Heine（1999）和Crittenen（1994）等人的跨文化研究认为，东方文化中可能不存在自我服务偏向；也有研究证明，在东方文化中做出更多自我克制归因的人比做出自私归因的人更受欢迎（Falk C.F.，& Heine S.J.，2015）。因此，东方文化中的个人可能和西方文化中的个人一样，对自我产生积极的幻想，但他们的积极幻想可能以不同于自我服务偏向的方式表达，或者自我服务偏向的表达方式更为隐性。

现有对自我服务偏向的研究普遍存在于西方。Heine等人（1999）认为，自我服务偏向可能是一种独特的西方现象，因此，研究西方文化之外的自我服务偏向存在的程度至关重要。自我服务偏向具有一定的文化独特性，因为自我和尊重的概念在不同文化中有很大差异。在某些文化中，将成功归因于内部、稳定和全局的因素可能被认为是自私的。东方文化群体在做出归因的认知过程中，不能把独立的自我视为分析的单位。因此，自我服务偏向可能是难以跨文化比较的（Poortinga，1989）。也有研究认为，归因是一种社会活动，东方文化中的个体使用自我服务偏向来管理自己对他人的印象，部分原因是他们做出了比西方更谦逊的归因，非自我服务偏向可能是许多东方文化中普遍存在的社会规范。与成功原因之一的努力（内部、不稳定和典型的归因）相比，能力（内部、稳定和整体归因）的相对重要性也可能存在文化差异。Salil（1996）认为，东方人对成功和失败的归因比西方人更多，西方人更倾向于强调能力是成功的重要原因。对跨文化的自我服务偏向进行元分析研究也发现相似结论（Mezulis A.H.，Abramson L.Y.，Hyde J.S.，& Hankin B.L.，2004）。但对于东方人来说，自我服务偏向虽然很少出现，但仍然是积极的，研究也显示出了东方人有明显的自我服务偏向（Ryan S.Hampton，& Michael E.W.Varnum，2017）。

因此，改变传统自我服务偏向的认知视角，充分认识到人格异质性所造成的特异性自我服务偏向的心理特征，可能是全面认识文化差异下的自我服务偏向的有效途径。

6.3.2 他人觉察水平

有研究人员认为，自我服务偏向倾向于成功内化和失败外化的归因（Brown，& Rogers，1991；Carmen Castillo C，Dolores Santander M，& Fresia SolísF，2015），但具体研究表明，成功归因于自我的结果在不同情景下的表现具有一致性（Miller，& Ross，1975；John A.D.，& Dimitris Petmezas，2010），失败归因要更复杂一些。一些研究显示，有些个体进行自我服务偏向归因时，将失败进行外部归因（Snyder，Stephan，&Rosenfileld，1976），而另外有些研究表明，他们将失败归结为内部因素（Ross，Bierbrauer，&Polly，1974）。Duval和Silvia（2002）通过研究自我意识对调节成功和失败出现的概率来分析自我服务偏向。结果表明，当个体觉知到能够改进时，失败归因为内在的；当个体觉知到不能改进时，失败归因往往是外在的。在公共的工作环境中，竞争是激烈的、不可避免的，当人们在他们的工作项目中获得成功或遭受失败时，结果可能是公开的，也可能是保密的。在公共的工作环境中，知道别人的结果和别人知道自己的结果很容易引发比较行为。为了维护自尊，个人更倾向于把失败归因于外部因素，而不是内部因素；倾向于把成功归因于内部因素。在不知道彼此的结果的情况下，比较就不会很明显，个人可能会以比较客观的方式来分析失败的原因。国内有学者研究认为，公共或私人环境可能会影响一个人对失败和成功的自我服务偏向归因（Wen，2018）；结果表明，在公共环境下，个人往往更多地将失败归因于外部因素，而在私人环境下，更倾向于做出内归因。由此可见，自我服务偏向不仅是西方文化特有的，而且在中国文化中也存在，在不同的他人觉察背景下，个体可能会对失败的原因有不同的解释。王小艳（2016）使用摄像机拍摄个体完成实验任务的过程，以此操纵个体的自我觉察水平，考察其对个体自我服务偏向的影响；结果发现在使用摄像机拍摄实验过程的条件下，人们更不愿意把失败归因于自我，表现出更为明显的自我服务偏向。这证实了高自我觉察水平下个体更容易表现出自我服务偏向效应。

6.3.3 威胁的自我觉察与调节

根据各种复杂、抽象、已知和未知的环境来调整自己的行动和努力的方向的能力，是一个人至关重要的心理能力，也是自我服务的积极表现。近年来，研究人员越来越关注自我调节研究。研究集中在自我调节的基本过程，如管理注意力（Courtney Stevens, Brittni Lauinger, & Helen Neville, 2010），满足延迟（Mischel, Shoda, & Peake, 1988；Sethi A., Mischel W., Aber J.L., Shoda Y., & Rodriguez M.L, 2000），反馈回路（Carver, & Scheier, 1981, 1982；Hyland, 1988；Sandra J.E.L., & Kruti S., 2017），持续性（Denise De Ridder, Emely De Vet, Marijn Stok, Marieke Adriaanse, & John De Wit, 2013），控制一个人的想法（Jessie C.De Witt Huberts, Catharine Evers, & Denise T D De Ridder, 2013），改变一个人的情绪状态（Menzies, H.M., &

Lane，K.L，2011）。这些基本过程的研究无疑是自我调节研究的逻辑起点，但还有更复杂的形式，不仅需要多个过程，而且需要多个过程的协调，例如，对成功和失败的文化界定和情景界定。生活中的成功往往不能归结为一种心理机制：首先，个体必须评估自己的能力和得到的机会。其次，个体必须做出承诺，提高成功的概率。最后，个体必须履行自己的义务。成功依赖于这些自我调节过程的有效协调，其中的任何一个阶段出现问题，个体都将感受到失败感，特别是高自尊者。虽然高自尊通常被认为是一种理想的、适应性强的状态，但当有效的自我管理需要对自我进行准确的评估时，它也存在缺点。如果人们高度肯定自我，人们可能会给自己设置过高的目标，失败的可能性便会增加。

很多自我调节都涉及对情况的反应，特别是对失败觉察后的调节。因此，自我觉察失败感也会影响自我服务偏向。事实上，与人格结构一致性的表现最能体现在进入情境判断和处理的决定上，根据这一观点，对情境的自我觉察应该被视为人格行为最主要的影响因素之一。

威胁的自我觉察水平调节了自我服务偏向归因。将自我与标准进行比较的系统只有在注意力向内且指向自我时才会起作用（Duval，&Wicklund，1972）。当自我意识低下时，自我与任何特定标准之间的关系对任何人来说都是模糊不清的，这正如 "注意力的聚光灯效应"。除非获得注意处理，否则很难评估元素之间的异同。如果人们不知道自我和标准是如何匹配的，那么任何可能存在的差异都不会产生威胁或失败的感受。然而，当自我意识提高时，人们就能区分自我的现状和标准之间的异同。这使人们对成功有积极的感觉，对失败有消极的感觉。研究（Carver，& Scheier，1998；Silvia，& Duval，2001）证实，自我集中注意力觉察的程度直接影响自我与标准的比较程度（Scheier，& Carver，1983）。超过基线水平的自我觉察的增加会增加比较过程的情感和动机。同样，自我觉察的减少，也会减弱自我与标准比较的效果。如果自我觉察威胁的能力很低，那么个体在认知上是惰性的。因此，它不能与自我服务偏向的归因系统相互作用，认知内部不可能发生冲突。缺乏冲突意味着没有改进的动机，所以当个体对威胁的自我觉察水平较低时，减少失败率的心理对自我服务偏向产生的影响十分有限。而当自我觉察水平很高时，比较系统就更易被激活，人们对自我与标准的差异有了敏锐的认识，与归因系统发生冲突的可能性也随之产生。因此，改进自我觉察水平能够调节失败时自我服务偏向归因。

6.4 高自尊者自我服务偏向的作用机制

6.4.1 高自尊者自我服务偏向的心理与作用机制

间接成功的自我服务方式。脆弱型高自尊者会采用一定的策略享受别人的成功，认为自己也与这个成功有关系，选择的这个参照群体可能是自己的孩子或配偶。例如，一个学习成绩不好的人看到自己的孩子学习成绩优异时，会为孩子高兴，也增强了自信心。另外，间接成功涉及的也可以是一些关系比较远的人。比如，运动俱乐部的支持者们，会随自己支持队伍的输赢而沮丧或骄傲。但这并不代表为自己关心的人和团体高兴的个体就是脆弱型高自尊者。

融入群体的自我服务方式。被一个群体接纳是保护自尊的有效手段，社会认可与自尊有着密切的联系。被一个群体接纳表明个体至少被一群同类的人接纳，外人对这一个群体的社会评价的高低其实并不重要。通常，脆弱型高自尊者宁愿在一个表现一般或社会评价不高的群体中得到受人肯定的地位，而不是在一个竞争激烈的群体中费尽心思去守住一个次要位置。更重要的是，团队令分享成为可能，共享成功，共担失败。这也就说明了脆弱型高自尊者特别喜欢融入群体的原因，在团体中，他们做好了分享成功的准备，自尊所受的打击也极小。这种拉帮结队的现象在青少年群体中尤为普遍，因为这个年龄阶段个体的自尊十分脆弱，容易陷入低自尊的境地。

幻想或生活于虚拟世界的自我服务方式。脆弱型高自尊者会沉浸在无尽的幻想中，缺乏行动力。虽然幻想有一定的好处，但对于脆弱型高自尊者而言，却是非常危险的。因为它令脆弱型高自尊者没有行动就产生了满足感。沉溺于虚拟的世界（如网络游戏），对于大部分人而言，主要目的是防止自尊受损，而对于脆弱型高自尊者而言，是满足自尊的手段。

自我服务偏向对自尊的作用主要通过在自我觉知、归因和社会比较过程中做出有益于个体自尊保护的心理认知机制来体现。当自尊面对威胁时，人们往往会采取自我服务偏向来保护和提升自己的自尊水平。而对于脆弱型高自尊者而言，他们在一定程度上缺乏自我服务偏向能力，具体来讲，是在自我觉知的过程中缺乏对自己的积极认知，因此，脆弱型高自尊者可以通过改变内在对自我的认知结构来提升自尊水平。在归因过程中，一般人会希望结果与预期的结果保持一致，如果不一致，个体就很容易产生认知失调。为了避免认知失调，脆弱型高自尊者往往将失败归结为内因，从而维护外在自我和内在自我的一致。在社会比较过程中，脆弱型高自尊者会将自己融入一定的社会团体后再进行比较，以维护自尊，让自我处于适宜的状态。

6.4.2 高自尊者自我服务偏向的神经与脑机制

通过与事件相关的电位和功能磁共振技术，研究者们对自我服务偏向的发生机制进行了初步探讨，并得出了一些研究结果。从这些结果中可以看出，对自我服务偏向的神经和脑机制的探讨主要是其相关的心理机制，没有对自我服务偏向的本质机制进行探讨。对自我积极认知偏向ERP效应进行研究，发现其潜伏期约450ms，这种效应可能是由于N400成分的影响所致。N400成分最初由Kutas和Hillyard（1980）识别，其是语言理解和语义失配方面的指标，其幅度差异反映了词汇语义内容与呈现单词上下文的语义规范的程度。在自我相关词判断的实验中（Brown，& Haagort，1993），发现N400成分的振幅反映了自我相关信息与自我概念不一致的程度。Gagnon（2016）进行了一项模棱两可事件的敌对归因偏向ERP研究，在非敌对的不匹配条件下，违反敌对意图预期的关键词（例如敌对语境—非敌对意图目标词）会在单词出现后引起更大的负向ERP偏转，中心和后部的最大值在400ms到600ms之间。所以，N400成分可能与不利于自我的敌对归因存在密切关系。

Leuthold（2012）对N400成分的解释是，在刺激信息与个人背景特定信息之间存在明显的不匹配时，将它们纳入一般知识的要求有所增加。对于后额叶正性，这一ERP效应被解释为更努力地处理，例如，设置一个不恰当的预测词，自我服务偏向更多的是选择与自我匹配一致的词语信息。但也有一些研究证实ERP效应，如P200、P300等成分分别与特质愤怒（Liu，2015）、特质敌对（Yi et al.，2012）和归因偏见（Godleski et al.，2010）相关。然而，因为这些数据是通过与敌对意图归因相关的社会认知过程中的时间进程不直接相关的任务获得的，所以信息量较少。Krusemark E.A.，Campbell W.K.，Clementz B.A.（2008）在对自我服务偏向的脑电波研究中发现，使用各峰值的依赖性测量t检验分析一般群体的自我服务选择的ERP差异时，在140ms或220ms的峰值和320ms的峰值中，左顶叶和左额叶上的两个脑电波簇团属性明显。进一步分析表明，这两组传感器在峰值潜伏期上没有差异。用sLORETA对自我服务偏向和非自我服务偏向归因两种情况下的波形差异进行了来源分析，结果表明，这种差异与自我服务偏向选择时左前额叶内侧皮层的神经活动增强有关。

简而言之，以往的ERP研究结果为基于社会情感信息的快速自我服务偏向归因提供了强有力的证据，并提出了是否可以利用ERPs研究自我服务偏向的问题。但没有一项研究从提升自尊这一本质上来探讨自我服务偏向的神经机制，因此，在这一方面加强研究能提供新视角和新知识，从而使人们更好地理解这些重要的心理现象。

脑科学研究发现，自我参照信息的处理与内侧前额叶皮层的增强有关。Craik等人（1999）应用PET技术研究了自我参照范式中的自我参照效应（Kuiper，& Rogers，1979）。结果表明，额叶激活与自我参照条件有关。随后，其他几项研究确定了前额叶皮层内的激活，特别是内侧前额叶皮层内及后扣带回和前扣带回内的激活，它们是自我参照加工所特有的（Johnson，2002；Kelley，2002；Zysset，2003；Gunsard，2011）。这些研究都使用了自我参照范式的修正。其他研究使用了不同的刺激——图片和文字刺激（Kóhler，2000）、面部刺激（Kircher，2000）和声音刺激（Cabeza，2004），并得出了类似的结果。研究结果中的这一共识似乎表明，自我参照是一个单一的结构，其表现为内侧前额叶皮层和扣带回皮层内大脑结构网络的活动。把成功归因于自我，把失败归因于外在因素的倾向被称为自我服务偏向的经典界定（Miller，& Ross，1975）。自从实验社会心理学出现以来，这种自我服务偏向已经被反复证明。一种典型的范式为，完成一项涉及自我的、模棱两可的任务，这项任务是由虚假的成功或失败反馈跟踪的，在完成之后，参与者会做出内部或外部归因。当成功与失败的归因更多地反映了内在因素，而较少地反映了外在因素时，自我服务偏向便是显而易见的。一个常见的例子是，当一个人把高分数归因于能力或努力，而把不及格的分数归因于考试或运气不佳时，这种情况就出现了。社会心理学对自我服务偏向的研究多为外显研究，但对自我服务偏向的神经机制的研究相对较少。Blackwood等人（2003）让被试想象心理上的人际关系状况，并对事件做出内部、外部的归因或外部的个人归因。研究发现，模拟自我服务归因与双侧尾状核信号增加有关，可见该区域与动机行为控制有关（Robins，& Everitt，1996），非自我服务与颞中回和眶额皮层血氧信号增加有关。精神模拟事件在神经影像学研究中很常见，但这种方法受到了学界质疑，认为其并不适合研究真实事件中的自我服务偏向。一个更经典的方法是检测神经激活状况，让参与者在实际行为或实验关系事件中考察自我服务偏向。对隐喻关系中的自我服务偏向进行脑机制研究，比较人们对与自我相关和与他人相关的人际事件的评价过程，发现个体在消极事件中作为接受者时，背内侧前额叶的自我相关的激活越大，与之对应的反应时间越长，表明个体在消极事件中作为接受者时消耗了更多的认知资源进行自我评价（王小艳，2016）。在消极事件中作为接受者时，个体评价自我时眶额叶皮层的激活程度显著高于其在评价他人时的激活程度。

另外，有研究者认为，个体总体上表现出自我服务偏向归因是由于失败反馈条件下的自尊保护的需要，这种归因与mPFC患者的神经活动增强有关，mPFC中的活动与认知控制、绩效监控、评估结果预期和他人评估的评估组成部分相关（Ochsner，2004；R.idderinkhof，Vanden Wildenberg，Segalowitz，& Carter，2004）。Amodio和Frith（2006）将mPFC区域描述为"内部行动监视器"，其与观察冲突时的意图和行为相关，需要控制反应。由此可见，导致自我服务偏向反应的mPFC活动的增加与失败情境下认知控制对自我服务性归因的必要性的观点是一致的。

研究发现，与对积极特征的认可相比，对消极特征的认可速度较慢，频率也较低，这种结果支持了这样一种观点，即消极自我描述的形成需要更多的控制（Leehyun Y., Somerville L.H., & Hackjin K., 2018）。同样，Vohs、Baumeister和Ciaroco（2005）认为，自我控制加强了印象管理的调节，导致自我服务偏向的增强。然而，最近的研究表明，建立积极的知觉，如保持乐观的情绪（Fischer, Greitemeyer, & Frey, 2007），似乎可以通过自我控制来增强。因此，研究与自我服务偏向相联系的神经生物学和情境调节因素来探讨脑机制是可取的。这一点也得到了国内学者的支持，郭婧（2012）运用fMRI技术对自我服务偏向激活的脑区进行研究表明，自我服务偏向的脑区主要包括左内侧额叶、左侧额上回、左侧扣带回、尾状核等；而内侧额叶、额上回、扣带回等与认知控制有关。认知控制对动机控制具有一定的调节作用，因此，自我服务偏向不仅与动机控制有关，还与认知控制的参与有关。总之，大脑mPFC区域的神经激活增加与自我服务偏向密切相关。

第 7 章
青少年高自尊保护机制实证研究

7.1 异质性高自尊青少年积极自我认知研究

7.1.1 研究目的

本研究以高自尊水平被试为研究对象，借助情绪人格形容词让被试进行自我评价，主要考察异质性高自尊青少年在自我认知过程中是否普遍存在积极自我认知。

7.1.2 研究方法

7.1.2.1 被试

招募并选用异质性高自尊青少年118名，其中安全型高自尊者59人，脆弱型高自尊者59人，女生62人，男生56人，平均年龄为20.2岁，标准差为1.1。所有被试均自愿参加实验，实验结束后给被试一定物质奖励。被试的入组标准：逐一对被试进行口头调查，并通过被试的自我报告，保证所有被试无器质性病变，无精神病史和脑损伤史，视力或矫正视力正常，听力正常，记忆良好，参加实验时，精神状态良好。所有被试在实验前确认对实验知情，同意并自愿参加，实验实施得到所在单位学术委员会审核和允许。

7.1.2.2 实验设计

2（异质性高自尊类型：安全型高自尊、脆弱型高自尊）×2（词语类型：积极、消极）两因素混合实验设计。

7.1.2.3 实验材料来源

人格形容词。人格形容词选自已有的情绪词汇库，并进行筛选与评定。过程如下：首先选定备选词汇250个，由50名在校大学生（女15名，年龄19至22岁，平均年龄20.9±1.3岁，被试均不参加之后的正式实验）对词汇的情绪效价进行Likert7点评判（1代表非常消极；4代表中性；7代表非常积极），并对词汇的唤醒度进行Likert5点评判（1代表平静唤醒；3代表一般唤醒；5代表强烈唤醒）。随后根据评定结果选取正式词汇150个，包括75个积极人格词（如"快乐的"）和75个消极人格词（如"懒惰的"），两组词汇的情绪效价存在着显著差异（积极词和消极词的平均情绪效价分别为5.85、2.11，$t=31.05$，$p<0.001$），各形容词唤醒度均值较大，唤醒度较好，唤醒度之间无显著差异（积极词和消极词的平均唤醒度分别为$t=2.05$，$p=0.14$）。所有实验程序采用E-Prime3.0进行编制和呈现。

7.1.2.4 实验程序

第一大部分：整个论文研究被试库的建立。被试的选择历时3年，以年级为单位，通过微信、QQ、班级宣传等形式共招募到2027名被试，由实验发起人及实验室助手担任招募人，在说明实验内容、过程及其他信息后，最终留下同意参与实验的有1953人。被试选择共经历两个阶段。第一阶段：依据自尊研究领域的标准做法，使用罗森伯格自尊量表对所有被试进行测评，且在本研究中对所有被试进行分析，总体信度系数为0.92。根据外显自尊量表的统分共识，第八题不计入总分，以总分的前27%作为高自尊的区间，将反向计分转换以后，以26分以上作为外显高自尊的指标。再对外显自尊得分超过26分的被试进行内隐联想测验（IAT测验）。第二阶段：采用IAT测验测量被试内隐自尊水平，本研究采用袁冬华参照格林沃德（Greenwald）等人的研究所设计的内隐联想测验（邱林，2006）。测验中以20个积极词和20个消极词作为属性词，10个自我词和10个非自我词作为概念词。IAT测验包括7个部分。第一部分要求对积极的和消极的属性词进行归类，并根据指导语进行按键反应（出现积极词按"F"键、出现消极词按"J"键）。第二部分要求对自我词和非自我词进行分类，并根据指导语进行按键反应（出现自我词按"F"键、出现非自我词按"J"键）。第三部分要求对消极词或积极词、自我词或非自我词进行归类，并根据指导语进行按键反应（出现非自我和积极词按"F"键，出现自我词和消极词按"J"键）。第四部分重复第三部分，都为不相容任务，第三部分为第四部分的练习。第五部分与第二部分相反，即出现自我词按"J"键、出现非自我词按"F"键。第六部分与第三部分类似，也是对积极词或消极词、自我词或非自我词进行归类，但要求出现自我词和积极词时按"F"键反应，出现非自我词和消极词时按"J"键反应。第七部分重复第六部分，都为相容任务，第六部分为第七部分的练习。为了防止实验中出现顺序效应，每组词语的呈现，均通过E-prime程序将词语出现的顺序设计为随机呈现，实验结果删除错误率在20%以上的被试和用时超过10 000ms的被试数据。内隐自尊的测算方法采用D分数法（Greend，Nosek，&Banaaji，2003；段锦云，古晓花，孙露莹，2016）进行统计分析，将相容部分的反应时减去不相容部分的反应时，再将二者之差除以这两部分反应时的标准差，所得结果作为内隐自尊的指标，分数越高表示内隐自尊水平越高。然后选取所有被试的内隐自尊数据进行正态性检验，最后结果显示，所有被试内隐自尊结果符合正态分布，在此基础上选取前27%的被试作为高内隐自尊被试，选取后27%的被试作为低内隐自尊被试，一共筛选出异质性高自尊被试504名，为后续研究提供了被试库。

第二大部分：正式实验。经被试同意从备选异质性高自尊被试中，选取54名脆弱型高自尊和安全型高自尊被试进入正式实验。正式实验共分为3个block，每个block包含50个试次，选取150个词汇，其中积极词75个，消极词75个，共构成150试次。正式实验时，电脑上会呈现指导语，指导语要求被试认真关注屏幕上出现的词语，如"健康的"，被试想象这是自己认为非常重要的人对自己的评价。每个词语下标注的五个键分别是1、2、3、4、5，"1"键代表的意思是我极不健康，"2"键代表的意思是我不太健康，"3"键代表的意思是我的健康状况一般，"4"键代表的意思是我很健康，"5"键代表的意思是我非常健康。同时要求被试对这些词语的描述是否符合自身进行5点评价，从而判断不同特质高自尊者自我积极偏向的特征。被试明白指导语以后，按任意键开始练习实验，明白实验流程后，开始正式实验，练习实验所使用的实验素材不在正式实验中使用。开始正式实验后，首先屏幕上会出现一个"+"号注视点，随后会出现形容词和带有提示意义的数字键，被试按键反应后，会出现下个注视点，依次循环到50试次时提示被试休息，不用休息可按键继续试验。具体实验流程如图7.1所示。

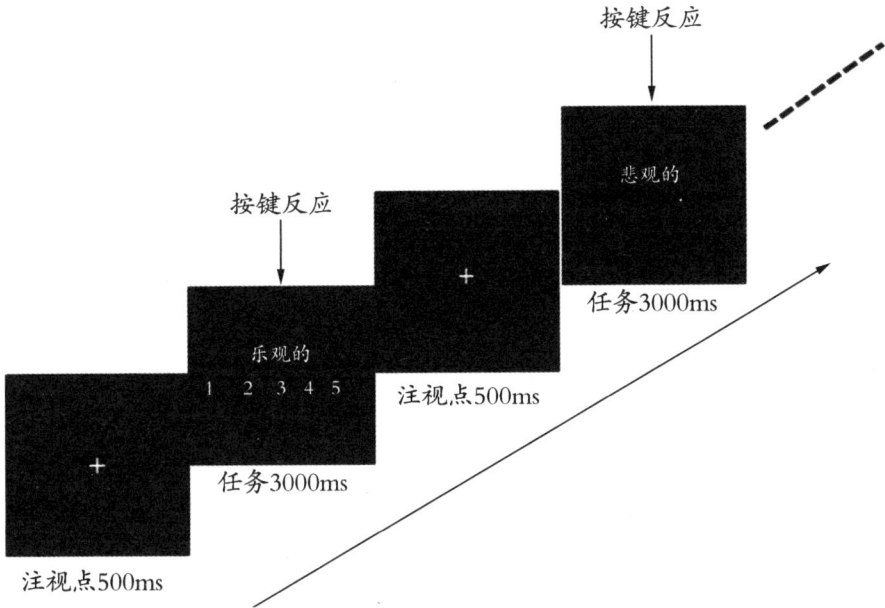

图7.1　实验流程图

7.1.2.5 数据处理

首先对收集到的数据进行初步处理，剔除掉缺失的被试数据；然后对所有被试对积极词汇和消极词汇的5个等级反应的次数进行统计，分别统计出被试在每个形容词5个等级上的选择频次；再统计两组异质性高自尊被试组被试在每个等级上的平均反应频次、平均反应时，分别按照异质性高自尊区组，对同类刺激（积极或消极形容词）5个等级的反应平均次数进行t检验等相关检验。

7.1.3 结果分析

7.1.3.1 异质性高自尊者对不同类型词语等级认同的比较分析

将被试所有词语判断的各个等级进行加权平均后，形成单类别刺激等级选择平均数，保留两位小数，形成各类刺激平均反应等级均值，构成被试等级反应的综合测评指标。单样本检验发现，脆弱型高自尊被试对积极词语的像自我的程度判断（M=3.51）显著高于测评的中点（3），t（53）=9.16，p<0.001，d=0.51；安全型高自尊被试对积极词语的像自我的程度判断（M=3.38）显著高于测评的中点（3），t（53）=7.12，p<0.001，d=0.39。这表明在积极词语评价上异质性高自尊者普遍存在积极的自我认知偏向。对消极词语像自我程度进行统计发现，脆弱型高自尊被试对消极词语的像自我的程度判断（M=2.11）显著低于测评的中点（3），t（53）=−14.29，p<0.001，d=−0.89；安全型高自尊被试对消极词语的像自我的程度判断（M=2.21）显著低于测评的中点（3），t（53）=−11.79，p<0.001，d=0.78。这表明在消极词语评价上异质性高自尊者普遍存在否认消极的关于自我的评价偏向。

7.1.3.2 异质性高自尊者积极自我认知比较分析

将被试对每类词语的等级评价的每个等级数进行初步统计，按照平均等级进行统计分析，再以异质性高自尊的两个类型为组间变量，以积极和消极两类词语为组内变量，进行方差分析。结果显示异质性高自尊组别效应不显著，F（1，106）=0.017，p=0.89，刺激类型组别效应显著，$F(1, 106)=81.42$，$p<0.001$，$\eta^2=0.25$，异质性高自尊组别与刺激类型交互作用不显著，$F(1, 162)=3.15$，$p=0.04$，结果如图7.2所示。

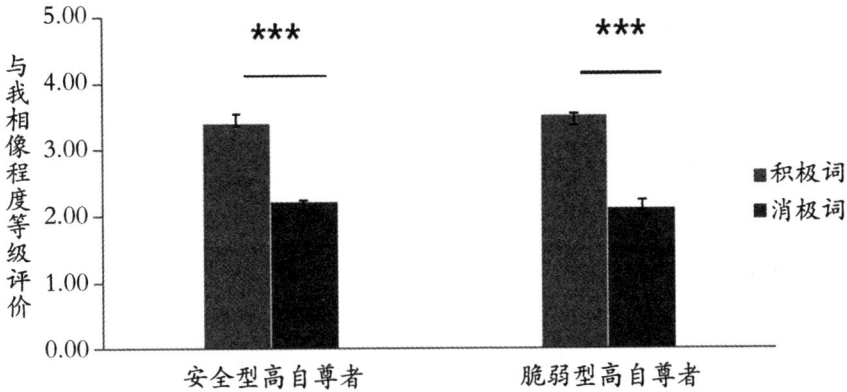

图7.2　异质性高自尊者积极、消极词汇的自我认知比较

注：*表示$p<0.05$，**表示$p<0.01$，***表示$p<0.001$，误差线显示的为标准差，以下同。

7.1.4 讨论

7.1.4.1 异质性高自尊青少年在自我参照下存在普遍的积极自我认知特征

对大多数人来说，关于自我的信息与积极的价值联系在一起。个体将积极的特质或结果归因于内部、稳定和全局的个体特征，而消极的特质或结果则被认为与个体特征无关（Mezulis，2004；Pahland，2005）。这种偏差被称为自我积极性偏差，被认为是社会心理学中有力的发现之一（Heine，1999）。自我积极性偏差说明个体更加倾向对积极的自我相关信息的加工。异质性自尊的相关研究表明，高自尊者存在明显的认知加工偏向（田录梅，2007），这种偏向包括注意、记忆等。而对低自尊者的认知加工过程研究发现，低自尊者普遍缺乏对积极信息的关注，以致不能有效地进行自我调节。在对抑郁症与自尊的关系研究中也发现，低自尊者缺乏有效的自我提升机制，以致其内在自我受到威胁时难以做到有效的自我保护。本实验中的研究结果表明，在自我参照范式下异质性高自尊个体普遍存在积极的自我认知，对积极信息给予了与自身有关的评价，而对消极信息则给予了更负面的评价。这一个体自我积极认知偏向结果与其他一些研究者的研究结果一致，也为后续研究的开展提供了参考。

7.1.4.2 异质性高自尊青少年对不同类型自我参照评价具有一致性偏好

有研究数据表明，异质性高自尊类型和词性类型上的自我积极认知偏向并不存在显著的差异，出现这种情况有以下几个原因：第一，根据前人的研究，除去少部分极低水平自尊者，大部分人存在自我积极认知偏向，所以被试间没有差异是研究可以预见的结果；第二，可能和测量方式有关，本实验主要是将各个词语选择的等级平均数作为因变量的指标，这一指标的灵敏度通过增加等级的方式得到了一些改善，在后续实验中也采取了更为精确的测量方式进行改良；第三，中国人有中庸和自谦的人格特征（舒首立，郭永玉，黄希庭，2015），所以面对过高的积极评价或者难以确定的评价时，个体倾向于选择中等偏上的等级或中间的等级，而也有一些研究表明过于积极的自我认知偏向不利于个体建立良好的人际关系（刘肖岑，桑标，张文新，2007；杜林致，2006）。情绪效价、情景因素等其他因素是否对积极自我认知偏向产生影响，有待进一步深入研究。异质性高自尊组别和刺激类型之间存在交互作用，但这种交互作用是否反映了异质性高自尊类型和自我积极认知偏向的相互作用关系，在简单效应分析中并没有发现，也有待进一步研究。

7.2 异质性高自尊青少年自我服务偏向一般特征研究

7.2.1 研究目的

积极自我认知发生和消极自我认知避免的主要目的是自我提升或自我保护的需要。研究表明，自我服务偏向存在两种主要形式，第一种是自我提升的需要，第二种是自我保护的需要。由实验一可知，异质性高自尊个体普遍存在积极的自我认知偏向；以往研究表明，个体的这种积极偏向会随着情景发生变化，但同时也具有一定的文化差异特征。为了更加深入地了解这种偏向是否会随着情景发生变化，本实验主要考察异质性高自尊者在成功和失败情境下自我服务偏向的差异性，从而考察异质性高自尊者自我服务偏向的一般特征。

7.2.2 研究方法

7.2.2.1 被试

在实验一筛选的异质性高自尊被试库的基础上，通过微信招募被试，实验共筛选异质性高自尊青少年72名，其中女生38名，男生34名，脆弱型高自尊被试36名，安全型高自尊被试36名，平均年龄为19.87岁，标准差为1.3。对招募来的被试进一步进行外显自尊测量，结果显示：均在外显高自尊分数27%以内，说明外显自尊稳定性较好；由于内隐自尊作为内隐人格特征具有相对稳定性，因此在实验前没做重复测量。所有被试均自愿参加实验，实验结束后给予被试一定物质奖励。被试的入组标准：逐一对被试进行口头调查，并通过被试的自我报告进行排查，保证所有被试无器质性病变，无精神病史和脑损伤史，视力或矫正视力正常，听力正常，记忆良好，参加实验时，精神状态良好。所有被试在实验前确认对实验知情，同意并自愿参加，实验实施得到所在单位学术委员会审核和允许。

7.2.2.2 实验设计

2（异质性高自尊类型：安全型高自尊、脆弱型高自尊）×2（反馈类型：正确、错误）两因素混合实验设计。

7.2.2.3 实验材料来源

从中国情绪表情图片系统（CAPS）（白露，马慧，黄宇霞，罗跃嘉，2005）中选取120张（其中高兴、中性、厌恶三类表情图片各40张，每类图片男女各半）不同表情的图片作为实验材料，其中随机选取30张作为目标面孔，其他作为分心面孔和不一致探测面孔，这些图片作为社会评价线索图片刺激。反馈图片依据Heider的归因理论设计而成，主要从内外性这一维度考虑，共设计出正确反馈下归因和错误反馈下归因各30条，让心理学专业研究生和教师对每条原因的内外维度进行效价判断。共选出每种反馈条件下的10条原因作为实验素材，与面孔反馈图片匹配使用。运用Photoshop软件对图片进行处理，使所有刺激图片在分辨率、色彩、大小上保持同质，另外随机在每个trail里进行不同类型面孔图片的组合。

7.2.2.4 实验程序

实验程序采用面孔工作记忆任务（the facial working memory，FWM）（Krusemark，Campbell，& Clementz，2008）。首先进行练习实验，练习实验结束后实施正式实验。将被试邀请进实验室后，要求其阅读实验指导语，并保持最舒适的坐姿。在实验开始前，告知被试完成一个模棱两可且涉及自我的任务，并表示他们的表现会反映他们的主观幸福感和心理健康状况。整个实验分为两个阶段，所有的操作都根据屏幕上指导语的提示进行。第一个阶段为练习实验阶段，第二阶段为正式实验阶段，两阶段开始之前都有相应的指导语。所有实验程序采用E-Prime3.0进行编制和呈现。

设置练习阶段的目的在于让被试熟悉整个实验的流程。在练习阶段结束之后，询问被试是否明白实验过程，是则进入正式实验，否则继续练习。练习中的实验材料不用于正式实验，练习共有5个trail，被试通过练习熟悉实验程序后，进入正式实验。

在正式实验中，共分为3个block，每个block分为20个trail，每个trail里包含目标面孔、分心面孔（不同于目标刺激但是是相同的性别）、探测面孔（与目标面孔相同或不相同）。探测面孔出现时被试按键反应，探测刺激和目标刺激是否一致，一致按"F"键，不一致按"J"键。随后被试会得到反馈（30个正确反馈，30个错误反馈）。之后会呈现归因描述，图片上会出现两点归因，分别指向内部和外部因素，分别用"F"键和"J"键标注，被试根据自己的归因进行反应。自我服务偏向考察分为两大类，一类是正确反馈下的归因，包括自我提升服务偏向归因和自我否定归因。如，F：我善于思考；J：这个太容易了。另一类是错误反馈下的归因，包括自我保护服务偏向归因和自我否定归因。如，F：任务太难；J：我记性差。

每个trial的具体流程：首先是1000ms的带"！"注视点；紧接着呈现一个目标面孔，呈现时间400ms；注视点"+"，呈现时间500ms；分心面孔1，呈现时间400ms；注视点"+"，呈现时间500ms；分心面孔2，呈现时间400ms；注视点"+"，呈现时间500ms；分心面孔3，呈现时间400ms；"？"刺激，呈现时间700ms；探测面孔，呈现时间1200ms；注视点"+"，呈现时间1000ms；反馈图片，呈现时间1500ms；紧接着呈现归因图片，按键跳过，并要求被试根据自己的归因按"F"或"J"做出反应；最后500ms为空屏刺激，作为trail间隔。每个trial的具体流程图如7.3所示。

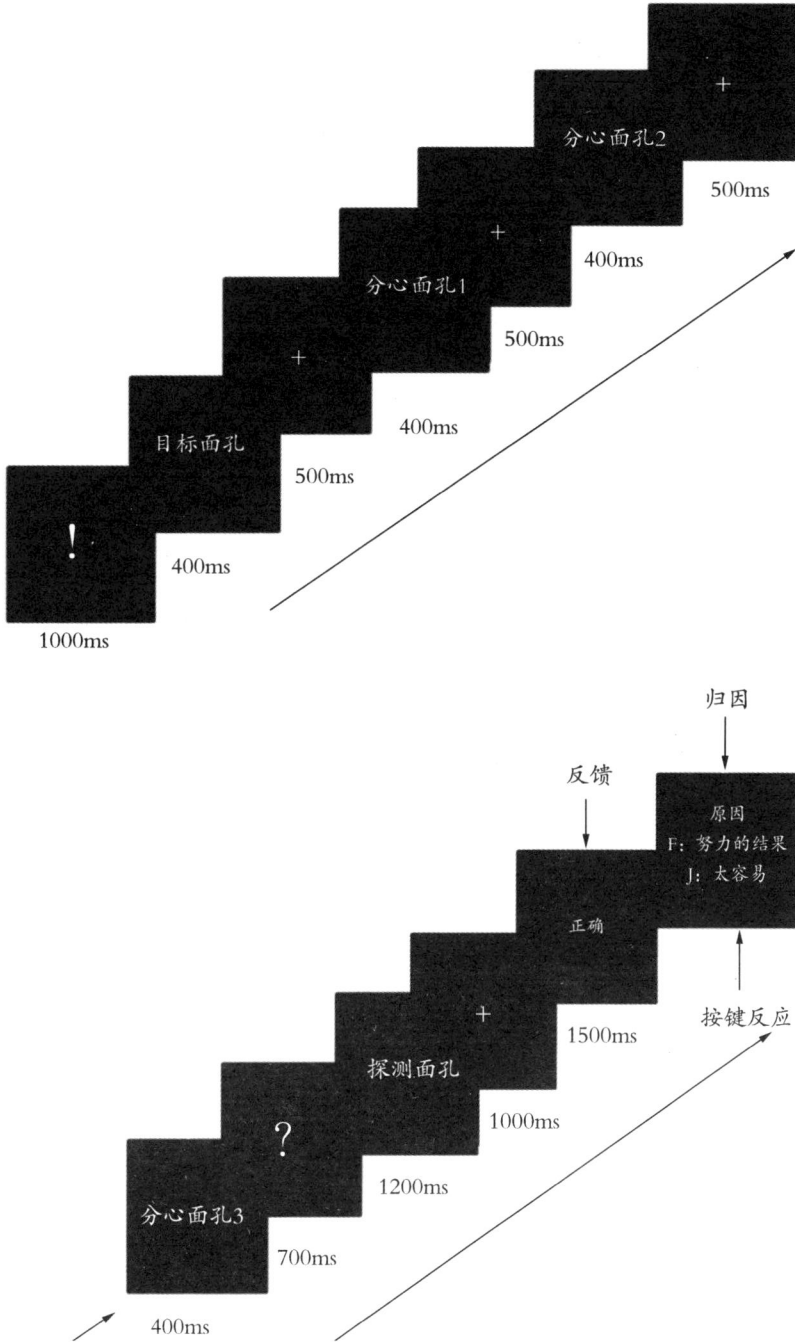

图7.3　实验流程图

7.2.2.5 数据处理

首先对收集到的数据进行初步处理，剔除掉缺失数据和极端值等无效数据；再对正确和错误反馈条件下的数据进行分类统计，在每类数据里对自我服务偏向的数据进行统计，即统计正反馈条件下的内归因和失败条件下的外归因，主要统计在两种反馈条件下自我服务偏向归因的次数及与之相对应的时间。反应时以毫秒计算，便于将时间转化为秒，统计结果保留两位小数，实验数据采用SPSS21.0软件进行统计分析。

7.2.3 结果分析

7.2.3.1 安全型高自尊者自我服务偏向数据分析

将整理好的安全型高自尊被试的数据进行统计，对其所有条件下自我服务偏向数据进行分析，即将正确反馈下的内归因和错误反馈下的外归因进行选择频次的统计分析。单样本t检验发现，安全型高自尊被试对正确反馈条件下的自我服务偏向归因的平均次数（M=9.56）显著低于中点值（15），$t(35)$=-6.51，$p<0.001$，d=5.44，对错误反馈条件下的自我服务偏向归因的平均次数（M=8.5）显著低于中点值（15），$t(35)$=-10.79，$p<0.001$，d=6.50。这表明在正确反馈条件下，该类被试并没有表现出明显的自我服务偏向。将正确反馈条件下和错误反馈条件下安全型高自尊被试自我服务偏向归因次数进行t检验，结果显示$t(35)$=1.01，p=0.32，这表明安全型高自尊被试在正确和错误反馈条件下，没有表现出明显的自我服务偏向差异。但对二者

的反应时进行t检验发现，$t(1，35)=2.99$，$p<0.05$，这表明虽然安全型高自尊被试在正确反馈和错误反馈条件下外显责任归因次数并没有表现出明显的自我服务偏向，但对于错误反馈，安全型高自尊被试表现得反应时间更长，对于正确反馈，安全型高自尊被试表现得反应时间更短，且二者之间存在显著的差异。

7.2.3.2 脆弱型高自尊者自我服务偏向数据分析

对脆弱型高自尊被试的数据进行统计，对正确反馈条件下的内归因和错误反馈条件下的外归因进行选择频次的统计分析。单样本t检验发现，脆弱型高自尊被试对正确反馈条件下的自我服务偏向归因的平均次数（$M=12.49$）显著低于中点值（15），$t(37)=-2.85$，$p<0.05$，$d=2.5$，对错误反馈条件下的自我服务偏向归因的平均次数（$M=19.49$）显著高于中点值（15），$t(37)=6.99$，$p<0.001$，$d=4.49$。这表明在正确反馈条件下，该类被试并没有表现出明显的自我服务偏向，但在错误反馈条件下，该类被试表现出了明显的自我服务偏向。将正确反馈条件下和错误反馈条件下脆弱型高自尊被试自我服务偏向归因次数进行 t 检验，结果显示 $t(37)=-7.40$，$p<0.001$，这表明脆弱型高自尊被试在正确和错误反馈条件下，表现出明显的自我服务偏向的差异。但对二者的反应时进行 t 检验发现，$t(1，71)=-0.51$，$p=0.61$。总的来说，虽然脆弱型高自尊被试在正确反馈条件下没有表现出明显的自我服务偏向，但在错误反馈条件下外显责任归因中却表现出了明显的自我服务偏向。

7.2.3.3 异质性高自尊者自我服务偏向比较分析

对实验数据进一步实施2（异质性高自尊类型：安全型高自尊、脆弱型高自尊）×2（反馈类型：正确、错误）方差分析，结果表明，在以自我服务偏向的频次为因变量的统计中，异质性高自尊组间主效应显著，$F(1, 35)=85.41$，$p<0.001$，$\eta^2=0.23$，被试类型与反馈类型之间存在显著的交互作用，$F(1, 35)=28.65$，$p<0.001$，$\eta^2=0.14$（如图7.4所示）；在以自我服务偏向的反应时为因变量的统计中，异质性高自尊组间主效应显著，$F(1, 35)=50.39$，$p<0.001$，$\eta^2=0.11$，被试类型与反馈类型之间不存在交互作用，$F(1, 35)=0.92$，$p=0.31$（如图7.5所示）。

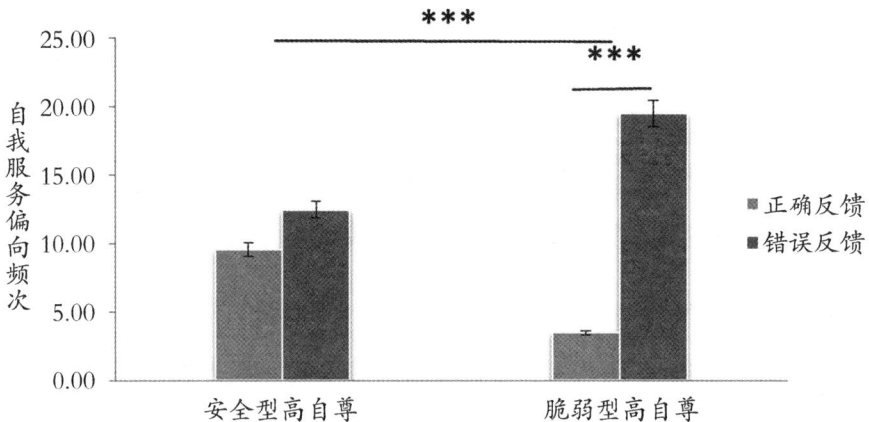

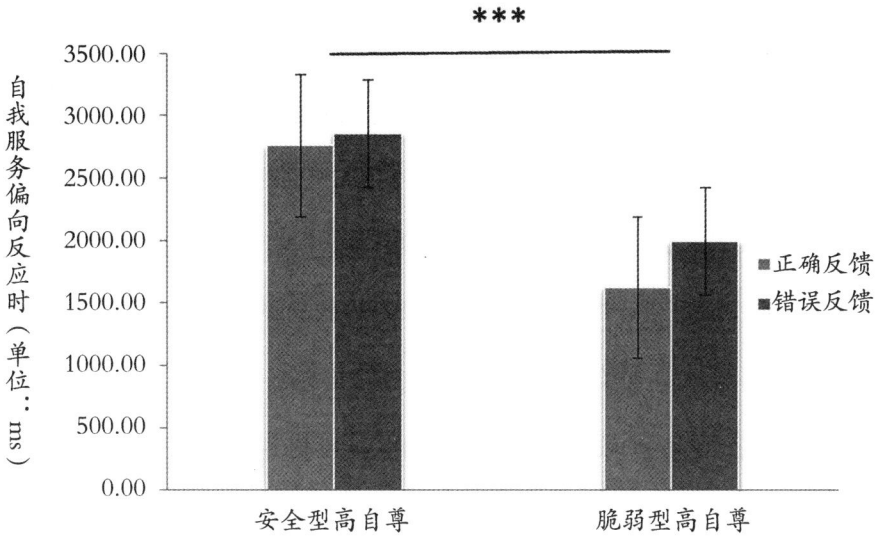

图7.4　异质性高自尊者正确、错误反馈下的自我服务偏向反应时比较

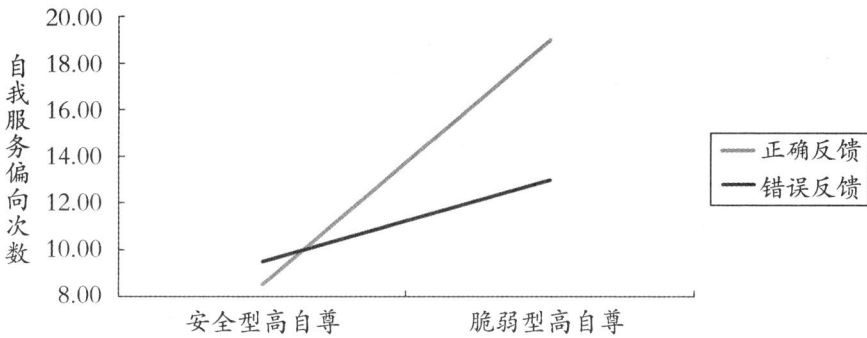

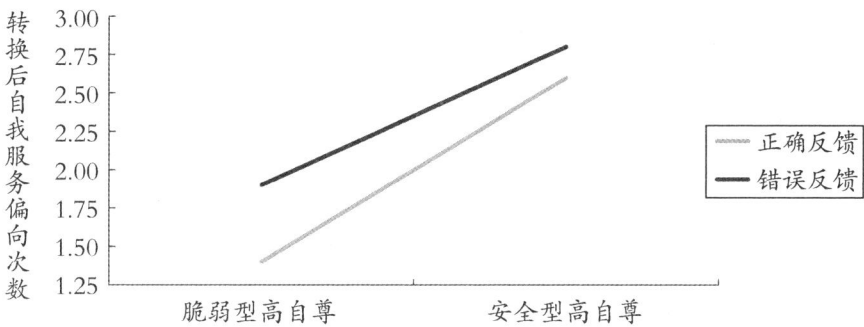

图7.5　异质性高自尊者正确、错误反馈下的自我服务偏向交互作用分析

7.2.4 讨论

7.2.4.1 异质性高自尊青少年自我服务偏向的一般特征

实验二的研究结果进一步印证了实验一的研究结果，即安全型高自尊青少年和脆弱型高自尊青少年普遍存在一致的自我认知。实验数据表明，在正确的反馈条件下，两种高自尊被试并没有表现出积极自我认知偏向。这一现象的产生主要因自尊具有文化性特征，这与多数学者的研究结果相一致（Higgins，& Bhatt，2001；Cai et al.，2016；黄希庭，尹天子，2012）。由于中国人维护良好人际关系的需要，往往在成功面前表现出外归因的倾向。但在反应时的统计中我们发现，被试对正确结果的归因表现得更迅速，而在错误结果的归因上所用的反应时较长，而且两者之间存在显著的差异。那么，这一研究结果是否提示自我服务偏向存在内隐性的特征？在错误反馈条件下，安全型高自尊者显现出与正确反馈条件下无差异性的内归因自我服务偏向次数，但脆弱型高自尊者却表现出差异。安全型高自尊者对自我有更加自信的认识（Goddard，2016），其内外一致性的高自尊，让他们对外界评价认识得更加客观，当自我评价受到威胁时，他们更加愿意保持对自我积极评价的一致性，而不会轻易随情境发生改变。所以，在正确或错误反馈下依然保持一致性的自我服务归因偏向，符合安全型高自尊被试的人格特征。

7.2.4.2 异质性高自尊青少年自我服务偏向的差异性特性

安全型高自尊者在正确和错误反馈下均表现出了较一致的自我

服务偏向，脆弱型高自尊者在正确和错误反馈下却表现出了显著的差异。从自我服务偏向归因上的反应频次可以看出，在正确反馈条件下，脆弱型高自尊者并没有表现出显著的自我服务偏向，但在错误反馈条件下，脆弱型高自尊者表现出了特别明显的自我服务偏向，与正确反馈条件下的自我服务偏向之间存在显著的差异。但是对两种反馈条件下的反应时进行比较发现，自我服务偏向反应时之间不存在显著的差异，甚至总体而言，错误反馈条件下被试自我服务偏向的归因反应时更短。这一现象的产生首先可以用恐惧管理理论进行分析（Schmeichel et al.，2009），脆弱型高自尊者外显自尊高内隐自尊低，真正威胁他们自尊的不是外在自尊的评价，而是内隐自尊的评价。所以，面对积极的反馈，脆弱型高自尊者和安全型高自尊者的表现不会有太大的差异，自我提升的自我服务偏向不会对他们构成内在人格的威胁；但面对消极的评价时，脆弱型高自尊者会表现出更加明显的防卫机制，积极启用自我保护的机制，否认失败的内归因。这一点在反应时上表现得尤为突出。根据认知控制加工理论观点，人们对外界环境信息的加工分为自动化和控制两种情况。自动化加工不需要太多心理资源的参与，不会受到个体心理资源不足的影响，这种心理加工是由刺激引发的，发生的速度很快；而控制加工刚好与自动化加工过程相反，需要更多意识的参与，是一个自上而下的加工过程。实验中得出的数据也印证了这一点，脆弱型高自尊者在面对负性评价时，会自动化、迅速对这一结果进行处理，做出有利于自己的自我服务偏向解释。

7.3 异质性高自尊青少年即时自我服务偏向研究

7.3.1 研究目的

即时自我服务偏向是相对于延时自我服务偏向而言的一种自我服务偏向，主要采用即时解释偏向的研究范式开展研究。一般认为，当解释信息出现时，信息的获取者就会做出与内心一致的默认解释。开展研究时，把被试对积极或消极刺激词的反应时作为基线反应，将被试对含糊信息积极或消极的判断时作为其自我服务偏向的指标。在本研究中，我们重点关注，当含糊信息的积极解释反应时小于积极词语基线反应时，或含糊信息的消极解释反应时大于消极词语基线反应时时，可以认为异质性高自尊被试存在明显的自我服务偏向，反之则不存在自我服务偏向。研究主要考察异质性高自尊者即时自我服务偏向的一般性和差异性特征。

7.3.2 研究方法

7.3.2.1 被试

实验材料选编共选用有效青少年90名，其中男性46名，女性44名，平均年龄为19.52岁，标准差为1.4。在实验一筛选的异质性高自尊被试库的基础上，通过微信招募被试，正式实验共筛选异质性高自尊被试72名，其中安全型高自尊被试36名，脆弱型高自尊被试36名，平均年龄为19.87岁，标准差为1.6。对招募来的被试进一步进行外显自尊测量，结果显示：均在外显高自尊分数27%以内，说明外显自尊稳定性较好；由于内隐自尊作为内隐人格特征有相对稳定性，因此在实验前没做重复测量。所有被试均自愿参加实验，实验结束后给予被试一定物质奖励。被试的入组标准：逐一对被试进行口头调查，并通过被试的自我报告进行排查，保证所有被试无器质性病变，无精神病史和脑损伤史，视力或矫正视力正常，听力正常，记忆良好，参加实验时，精神状态良好。所有被试在实验前确认对实验知情，同意并自愿参加，实验实施得到所在单位学术委员会审核和允许。

7.3.2.2 实验设计

2（异质性高自尊类型：安全型高自尊、脆弱型高自尊）×2（词性：褒义词、贬义词）两因素混合实验设计。

7.3.2.3 实验材料来源

考虑到是考察自我服务偏向的即时解释偏向问题，所有实验素材均采用与被试生活相关的句子。与大学生进行访谈，通过访谈获得120个含糊情景的生活事件语句，这些含糊情景语句涉及大学生生活中的各个场景，有教室、食堂、快递站、超市、考场等30多个场景。首先，请30名大学生（男性16名，女性14名）对该语句事件发生的频率进行评定，采用Likert5级评分（0表示从不发生；2表示一般；4表示经常发生），剔除分数过低语句，最后选择出103个高频情景语句（平均分为3.21）作为含糊语句备选素材。其次，请30名大学生（男性15名，女性15名）对已选出的备选素材语句进行语义清晰度判断，采用

Likert5级评分（0表示语义非常含糊；2表示语义一般；4表示语义非常清晰），选取80个语句作为实验用的含糊情景语句。最后请30名大学生（男性15名，女性15名）对确定的80个语句中加粗的关键词语可替换理解歧义词进行替换填写，将出现频率最高的词语作为含糊语义选项词语之一，并将每个语句积极消极语义配对呈现。所有参与语句判断的被试不再作为该项试验的后续被试。

7.3.2.4 实验程序

所有实验程序采用E-Prime3.0进行编制和呈现。首先进行练习实验，练习实验结束后实施正式实验。将被试邀请到实验室后，让其坐在计算机正前方，眼睛到屏幕的距离大约为75cm。所有的操作都根据屏幕上指导语的提示进行，两个实验阶段开始之前都有相应的指导语。在练习实验阶段结束之后，询问被试是否明白实验过程，是则进入正式实验，否则继续练习。练习中的实验材料不用于正式实验，练习共有5个trail，被试通过练习熟悉实验程序后，进入正式实验。

正式实验共分为3个block，每个block分为20个trail。每个trail中，首先呈现注视点"+"，呈现时间500ms；再呈现一个描述生活情景的含糊语义句子，呈现时间800ms；再呈现注视点"+"，呈现时间500ms；随后随机呈现一个褒义词或贬义词，并要求被试尽快对词性做出判断，按"F"或"J"键做出反应；按键反应后界面消失，再呈现语句不完整的含糊语义句，要求被试对前面所看到的语句进行回忆，并将语句填选完整；按键反应跳过，然后进入下一个trail。具体流程如图7.6所示。

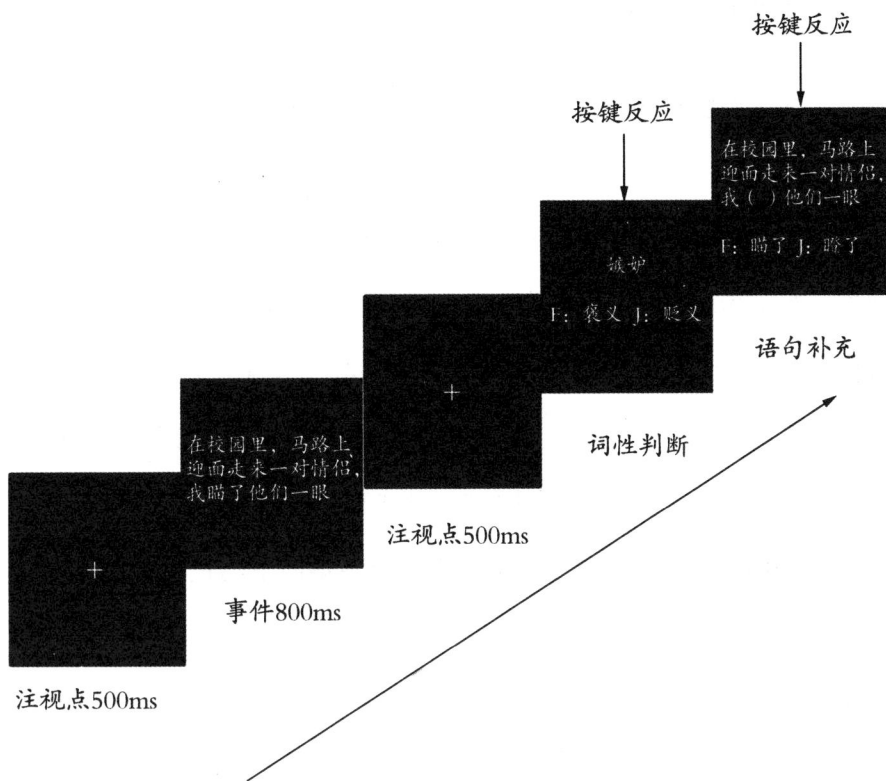

图7.6 实验流程图

7.3.2.5 数据处理

首先对收集到的数据进行初步处理，剔除掉缺失数据和极端值等无效数据，对褒义词和贬义词词性判断的正确率进行统计，再对每个被试的正确判断的平均时进行统计，对被试含糊语句的积极解释和消极解释偏向反应时进行统计，反应时以毫秒计算，统计结果保留两位小数，实验数据采用SPSS21.0软件进行统计分析。

7.3.3 结果分析

7.3.3.1 安全型高自尊者与脆弱型高自尊者含糊任务回忆正确率比较分析

积极与消极词词性判断任务呈现之后均需对情景句的空缺词进行填充，为了检验被试是否因为记忆效应的作用而影响实验的结果，以含糊情境句的空缺词填充的正确率作为因变量，进行2（异质性高自尊类型：安全型高自尊、脆弱型高自尊）×2（词性：褒义词、贬义词）方差分析。结果表明，异质性高自尊组间主效应显著，$F(1,35)=0.71$，$p=0.140$，$\eta^2=0.01$；积极或消极解释偏向下的正确和错误率主效应显著，$F(1,35)=9.56$，$p<0.001$，$\eta^2=0.06$；异质性高自尊类型与反馈类型之间不存在显著的交互作用，$F(1,70)=0.89$，$p=0.35$，$\eta^2=0.01$，具体结果可见图7.7。研究结果表明，在语义句选词填空任务中，异质性高自尊的两组被试之间不存在统计学上的显著差异，这表明两类被试之间不存在记忆上的差异。但积极解释模糊语义句子的正确率普遍高于消极解释模糊语义句子的正确率，进一步证实了实验一的结果，即高自尊者普遍存在积极信息的认知偏向。

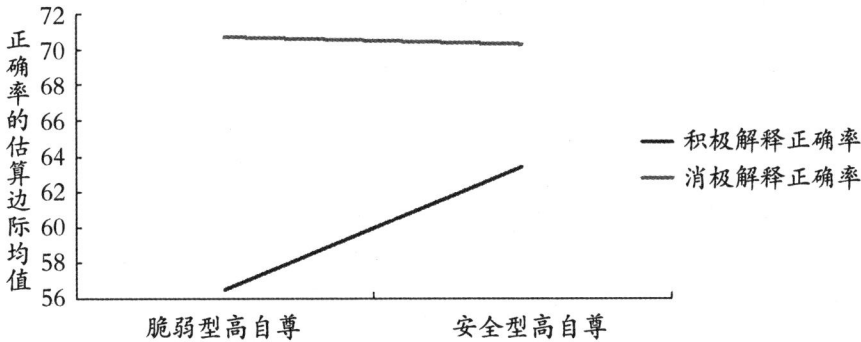

图7.7　含糊任务回忆正确率分析

7.3.3.2 异质性高自尊者基线水平上自我服务偏向反应时分析

对被试数据进行整理后，只对词性判断基线水平上的反应时进行统计，并剔除反应超过5000ms的极端数据，再计算每个被试在每类词性词语上正确判断的平均时，以此为计算方法，计算异质性高自尊者在各类情况下的反应时数据，具体见表7.1。对脆弱型高自尊被试褒义词和贬义词的基线数据进行 t 检验，结果显示，$t（35）=-3.44$，$p<0.05$；对安全型高自尊被试褒义词和贬义词的基线数据进行t检验，结果显示，$t（35）=-5.33$，$p<0.001$。结果表明，两类被试对褒义词的判断时间明显快于对贬义词的判断时间。这符合实验一的基本观点，即个体普遍存在积极认知的偏向。

表7.1 异质性高自尊自评褒义词、贬义词基线反应时
（单位：ms；*N*=72）

异质性高自尊类型	褒义词		贬义词	
	M	*SD*	*M*	*SD*
安全型高自尊	2325.36	658.56	2707.61	820.83
脆弱型高自尊	3249.08	1167.47	3897.33	1076.61

7.3.3.3 异质性高自尊者即时自我服务偏向分析

含糊信息的积极解释反应时小于积极词语基线反应时，而含糊信息的消极解释反应时大于消极词语基线反应时，可以认为异质性高自尊被试存在明显的即时自我服务偏向。对安全型高自尊被试和脆弱型高自尊被试的基线反应时和含糊信息的解释偏向解释反应时进行逐一比较，结果如图7.8所示。进一步进行 *t* 检验发现，安全型高自尊者对含糊信息积极解释偏向反应时与对褒义词判断基线反应时之间存在显著的差异，$t(35)=-2.77$，$p<0.05$；安全型高自尊者对含糊信息消极解释偏向反应时与对贬义词判断基线反应时之间不存在显著的差异，$t(35)=-1.32$，$p=0.19$；脆弱型高自尊者对含糊信息积极解释偏向反应时与对褒义词判断基线反应时之间存在显著的差异，$t(35)=-6.85$，$p<0.05$；脆弱型高自尊者对含糊信息消极解释偏向反应时与对贬义词判断基线反应时之间存在显著的差异，$t(35)=2.79$，$p<0.05$。根据研究理论假设，研究结果证明了脆弱型高自尊者在对积极和消极含糊信息的解释过程中均存在显著的即时自我服务偏向。安全型高自尊被试在对含糊信息进行消极解释时不存在解释偏向，而对含糊信息进行积极解释时存在一定的解释偏向。

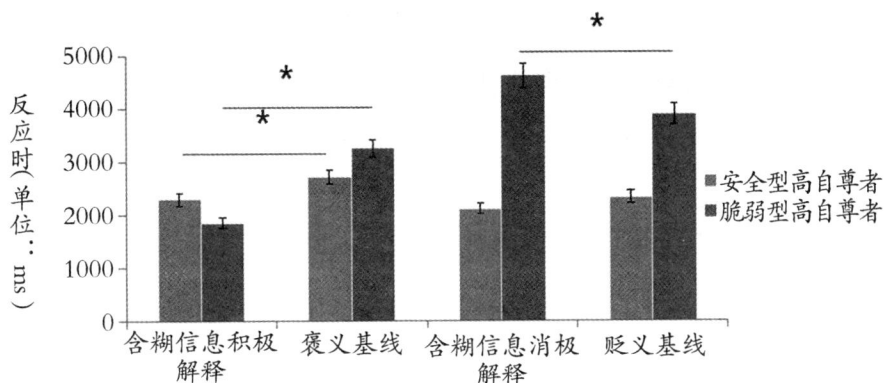

图7.8　异质性高自尊者即时自我服务偏向发生与否分析

7.3.3.4 异质性高自尊者即时自我服务偏向比较分析

对各组偏向数据进一步实施多因素方差分析，首先对基线水平上的偏向数据进行2（异质性高自尊类型：安全型高自尊、脆弱型高自尊）×2（词性：褒义词、贬义词）方差分析。结果表明，在以反应时为因变量的统计中，异质性高自尊者组间主效应显著，$F(1, 35)=44.30$，$p<0.001$，$\eta^2=0.24$；基线词词性之间主效应不显著，$F(1, 35)=0.7$，$p=0.40$；被试类型与词性类型之间存在显著的交互作用，$F(1, 35)=10.53$，$p<0.001$，$\eta^2=0.07$。其次对含糊信息解释偏向上的数据进行2（异质性高自尊类型：安全型高自尊、脆弱型高自尊）×2（解释类型：积极解释、消极解释）方差分析，结果表明，在以反应时为因变量的统计中，异质性高自尊者组间主效应显著，$F(1, 35)=79.28$，$p<0.001$，$\eta^2=0.36$；含糊信息解释类型之间主效应显著，$F(1, 35)=125.19$，$p<0.001$，$\eta^2=0.47$；被试类型与含糊信息解释类型之间存在显著的交互作用，$F(1, 35)=1616.65$，$p<0.001$，$\eta^2=0.54$。这表明，在两种因

变量的考察中，除了前文分析到的组间差异以外，异质性高自尊被试类型与基线词语类型和含糊信息解释偏向之间均存在相互作用，但无论面对的是不同类型词语的基线反应还是含糊信息的不同解释偏向，脆弱型高自尊被试均表现出较大差异，安全型高自尊被试交互作用明显。具体结果可见图7.9。

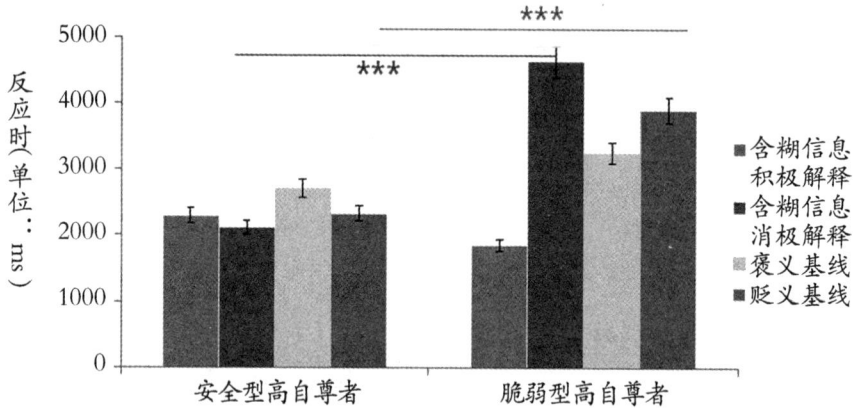

图7.9 异质性高自尊者即时自我服务偏向比较分析

7.3.4 讨论

7.3.4.1 异质性高自尊青少年记忆偏向效应不明显

从统计结果可以看出，安全型高自尊和脆弱型高自尊被试间主效应不显著，这说明两类被试在不完整含糊信息语句的填写正确率上没有显著差异，实验对语句信息的操纵是有效的。虽然张丽华等（2016）研究表明脆弱型高自尊者存在明显的记忆偏向，但在本实验中，对语句时间、内容进行了有效评估和筛选，使被试没有产生记忆偏向，本研究的效度得到了保障，也充分有效地说明，在本研究中异质性高自尊者自我服务偏向的发生不受记忆偏向的影响。

7.3.4.2 异质性高自尊青少年基线水平上自我服务偏向特征

研究中的基线反应时设计，是基于前文研究中发现的被试普遍存在积极的自我认知和异质性高自尊者存在自我服务偏向。在研究中，被试对筛选好的褒义词和贬义词进行词性判断，可以有效判断被试在没有干扰的情况下的自我服务偏向反应时。通过对积极词汇和消极词汇反应时的差异分析，可以判断被试认知偏向的差异。一般而言，反应时越短，被试越偏向于积极或者消极的认知。从实验结果可以看出，脆弱型高自尊被试和安全型高自尊被试对积极词汇的反应时显著低于对消极词汇的反应时，这一研究结果与某些学者的研究结果相一致（Lupien，2013；杨慧，吴明证，刘永芳，2012）。这进一步说明，自我服务偏向普遍存在于高自尊个体之中。根据自我评价维护模型理论的观点（Tesser，1988），高自尊者更易表现出积极自我认知，这种积极自我认知又会表现出意识层面的积极自我服务偏向。认知加工水平和能力会在一定程度上影响实验结果，基于这样的考虑，在实验素材的选择上进行了充分的准备，保证了基线水平自我服务偏向的有效测定。

7.3.4.3 异质性高自尊青少年即时自我服务偏向特征

为更加深入地认识脆弱型高自尊者的即时自我服务偏向，将含糊信息的自我服务解释反应时与基线自我服务偏向的反应时之差作为即时自我服务偏向的测量指标。结果发现，安全型高自尊和脆弱型高自尊被试对含糊信息积极解释偏向反应时均显著小于对基线积极词汇判断反应时，表现出差异的一致性。这说明两类被试均存在积极的即时自我服务偏向。这种自我认知的积极倾向性，有利于维护个体身心健康，也是形成积极自我认知的有效手段。有关学者指出，高自尊者心理品质更高，更能在积极的环境中维持自我积极的认知，表现出更自信的态度，这与本研究的结果相一致。但更多时候，积极自我"免疫力"作用的发挥来自逆境，如消极事件、不良情绪等，因此消极背景下的即时自我服务偏向更值得探讨。对研究结果进一步分析发现，安全型高自尊与脆弱型高自尊被试对含糊信息的消极解释偏向反应时与消极基线反应时之间表现出不一致性，安全型高自尊被试在对含糊信息进行消极解释时没有表现出即时自我服务偏向，而脆弱型高自尊被试则表现出明显的即时自我服务偏向。这表明脆弱型高自尊个体更关注消极自我相关信息对自我的影响。根据恐惧管理理论的观点（Baumeister，2009），当个体自我受到威胁时，与自我内在评价不一致的信息会表现出更长时间的认知过程，而与自我内在评价一致的信息会表现出更短时间的认知过程。分析还发现，在基线水平上被试类型与词性之间的交互作用非常显著，解释偏向反应时上二者的交互作用也非常明显。安全型高自尊被试在词性和解释下的主效应在这种情况下并不明显，脆弱型高自尊被试在词性和解释下的主效应则非常明显，这说明交互作用的产生主要是脆弱型高自尊个体引起的。根据以往的研究（赵珊玲，2014），脆弱型高自尊个体存在显著的维护自我的解释偏向，这种解释偏向用动机理论观点进行解释，即为了提升自我内在价值。因此，不难理解脆弱型高自尊个体在消极条件中同样表现出显著的即时自我服务偏向的原因。

7.4 异质性高自尊青少年延时自我服务偏向研究

延时自我服务偏向采用延时解释法开展研究。延时解释法是一种将自我报告与等级评价相结合开展自我服务偏向研究的方法，最早由学者Hirsh（2006）提出。延时解释偏向是个体经过充分考虑对自我遇到的事件进行倾向性的理解、解释，如果这种理解、解释旨在维护和提升自我的内在价值，则定义为延时自我服务偏向。其与即时自我服务偏向最大的不同，是个体有充足的时间去思考自己遇到的问题，给出符合自我意愿的答案。因此，反应时不适合作为研究考察的因变量指标，应当提醒被试充分考虑好后给出真实答案。实验三中对异质性高自尊者即时自我服务偏向进行研究发现，两类被试除了普遍存在积极的自我服务偏向以外，脆弱型高自尊者即时自我服务偏向还存在跨情景的一致性。那么，延时自我服务偏向是否也具有这样的特征，还是会表现出新的特征，是需要重点探讨的问题。

7.4.1 研究目的

以往研究的结果表明，异质性高自尊者普遍表现出积极的自我服务偏向（Stephen，2014），但也有研究证实自我服务偏向的发生与否与事件情景有关（Blaine，1993）。我们的实验设计重点考察自我相关事件在积极消极与否和社交与否两种情景中的自我服务偏向，比较分析被试对不同情景的自我服务偏向是否存在差异，从而更加深入地了解异质性高自尊者延时自我服务偏向的特征。根据以往的研究结论，研究重点考察：安全型高自尊被试和脆弱型高自尊被试在积极的社交事件中是否表现出延时自我服务偏向；安全型高自尊被试和脆弱型高自尊被试在积极的非社交事件中是否表现出延时自我服务偏向；安全型高自尊被试和脆弱型高自尊被试在消极的社交事件中是否表现出延时自我服务偏向；脆弱型高自尊被试在消极非社交事件中是否表现出延时自我服务偏向；安全型高自尊被试在消极社交事件中是否表现出延时自我服务偏向。

7.4.2 研究方法

7.4.2.1 被试

实验材料选编共选用有效青少年90名，其中男性46名，女性44名，平均年龄为19.52岁，标准差为1.4。在实验一筛选的异质性高自尊被试库的基础上，通过微信招募被试，正式实验共筛选异质性高自尊被试88名，其中安全型高自尊被试44名，脆弱型高自尊被试44名，平均年龄为19.51岁，标准差为1.13。对招募来的被试进一步进行外显自尊测量，结果显示：均在外显高自尊分数27%以内，说明外显自尊稳定性较好；由于内隐自尊作为内隐人格特征具有相对稳定性且前面实验已建立被试库，因此在实验前没做重复测量。所有被试均自愿参加实验，实验结束后给予被试一定物质奖励，并向被试说明实验真实意图。被试的入组标准：逐一对被试进行口头调查，并通过被试的自我报告进行排查，保证所有被试无器质性病变，无精神病史和脑损伤史，视力或矫正视力正常，听力正常，记忆良好，参加实验时，精神状态良好。所有被试在实验前确认对实验知情，同意并自愿参加，实验实施得到所在单位学术委员会审核和允许。

7.4.2.2 实验设计

2（异质性高自尊类型：脆弱型高自尊、安全型高自尊）×2（事件性质：积极、消极）×2（社交与否：社交、非社交）三因素混合实验设计。

7.4.2.3 实验材料来源

考虑到本实验中考察延时自我服务偏向是自我服务偏向的一个亚型，鉴于前文和既往研究成果，实验材料用的语句素材全部采用与自我有关的语句。2017至2018年，与60名大学生进行访谈，分别从社交与否、积极消极、生活场景等维度展开，共收集到情景问题语句素材341例，再通过20名专业心理教师对素材语句进行分析，分别从是否是社会交往情景、是积极事件还是消极事件两个问题进行筛查，排除228例不合要求或语义重复的语句后，再对剩下的113例情景问题语句进行统计分析，共保留积极社交事件情景问题语句28例，积极非社交事件情景问题语句27例，消极社交事件情景问题语句26例，消极非社交事件情景问题语句32例。随后，请心理学专业教师对113例情景问题语句编写自我服务偏向和非自我服务偏向的归因选项，最后保留86个语句作为实验素材，分别是积极社交事件情景问题语句21例，积极非社交事件情景问题语句21例，消极社交事件情景问题语句22例，消极非社交事件情景问题语句22例。所有参与语句判断的被试不再作为该项试验的后续被试。

7.4.2.4 实验程序

所有实验程序采用E-Prime3.0进行编制和呈现。首先进行练习实验，练习实验结束后实施正式实验。将被试邀请到实验室后，让其坐在计算机正前方，眼睛到屏幕的距离大约为75cm。所有的操作都根据屏幕上指导语的提示进行，两个实验阶段开始之前都有相应的指导语。在练习实验阶段结束之后，询问被试是否明白实验过程，是则进入正式实验，否则继续练习。练习中的实验材料不用于正式实验，练习共有5个trail，被试通过练习熟悉实验程序后，进入正式实验。

正式实验开始，电脑呈现52个语句，共包含4个类别，分别是积极社交事件情景问题语句13例，积极非社交事件情景问题语句13例，消极社交事件情景问题语句13例，消极非社交事件情景问题语句13例，每个情景问题语句后面均有两个对问题的解释。如，消极社交情景事件，"你和同学聊着天，她突然哭了起来，这是为什么"，回答"F：你伤害到了她；J：她有心事"，那么选择"F"表现出非延时自我服务偏向，选择"J"表示存在延时自我服务偏向。为了防止顺序效应，所有实验材料的类别随机呈现，选项编排随机呈现。考虑到考察的是被试延时自我服务偏向，每个句子的回答不限时间，作答完成后跳至下一个页面。实验指导语如下：同学您好！欢迎您来参加本实验，本实验首先会让您练习，等练习完成以后，我们才会进入正式试验。首先您会在屏幕上看到一个"+"点，呈现时间500ms，随后会出现一个情境问题语句，呈现时间3000ms，之后会出现一个对这个问题进行分析的答案选项。答案没有对错之分，也没有时间限制，请您认真思考后，做出回答。现在请按"Q"键开始练习。练习完成后提示：继续练习请按"Q"，明白实验流程按"P"进入正式实验。实验流程如图7.10所示。

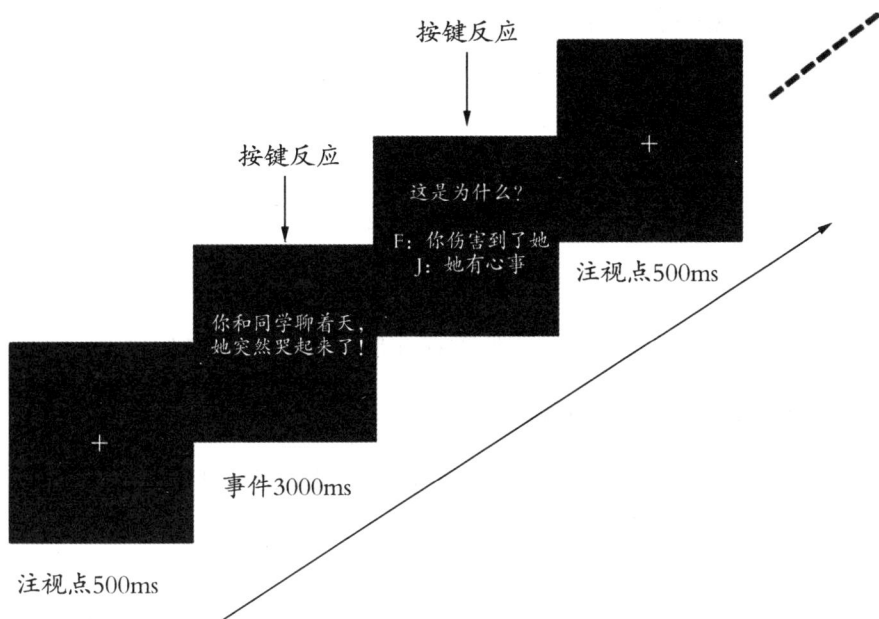

图7.10　实验流程图

7.4.2.5 数据处理

对收集到的数据首先进行初步处理，剔除掉缺失数据和极端值等无效数据，再对各类被试进行自我服务偏向选择的个数进行统计。考虑到是对延时自我服务偏向进行考察，没有统计反应时，主要计算异质性高自尊被试积极、消极与社交、非社交两类事件背景下4种情况的延时自我服务偏向解释项选择次数，所有数据采用SPSS21.0软件进行统计分析。

7.4.3 结果分析

7.4.3.1 异质性高自尊者延时自我服务偏向效应发生情况分析

对异质性高自尊被试积极、消极和社交、非社交两类事件背景下的4种情况的自我服务偏向进行 t 检验，结果显示，所有被试的延时自我服务效应总体上存在明显的延时自我服务偏向，$t(1,87)=18.40$，$p<0.001$。在各个条件下进行统计发现，脆弱型高自尊被试在积极社交事件下存在明显的自我服务偏向，$t(1,43)=2.44$，$p<0.05$；脆弱型高自尊被试在积极非社交事件下存在明显的自我服务偏向，$t(1,43)=7.51$，$p<0.001$；脆弱型高自尊被试在消极社交事件下存在明显的自我服务偏向，$t(1,43)=12.79$，$p<0.001$；脆弱型高自尊被试在消极非社交事件下不存在明显的自我服务偏向，$t(1,43)=0.71$，$p=0.49$。安全型高自尊被试在积极社交事件下不存在明显的自我服务偏向，$t(1,43)=1.96$，$p=0.06$；安全型高自尊被试在积极非社交事件下存在明显的自我服务偏向，$t(1,43)=6.42$，$p<0.001$；安全型高自尊被试在消极社交事件下存在明显的自我服务偏向，$t(1,43)=11.94$，$p<0.001$；安全型高自尊被试在消极非社交事件下存在明显的自我服务偏向，$t(1,43)=13.11$，$p<0.001$。这一结果表明，在积极非社交事件

和消极社交事件中异质性高自尊者均存在自我服务偏向，在积极社交事件中脆弱型高自尊者表现出自我服务偏向，而安全型高自尊者则没有表现出自我服务偏向，在消极非社交事件中脆弱型高自尊者没有表现出自我服务偏向，而安全型高自尊者表现出自我服务偏向。

7.4.3.2 异质性高自尊者不同类型事件中延时自我服务偏向比较分析

对各组延时自我服务偏向数据进一步实施多因素方差分析，以自我服务偏向为因变量对异质性高自尊被试实验数据进行分析〔异质性高自尊2（异质性高自尊类型：安全型高自尊、脆弱型高自尊）×事件性质2（事件性质：积极、消极）×社交与否2（社交与否：社交、非社交）〕。结果表明，异质性高自尊者组间主效应显著，$F(1, 86)=18.05$，$p<0.001$，$\eta^2=0.05$，事件积极、消极性质主效应显著，$F(1, 86)=48.48$，$p<0.001$，$\eta^2=0.12$，事件社交与否主效应显著，$F(1, 86)=1.20$，$p=0.27$；异质性高自尊类型与事件社交与否之间存在显著的交互作用，$F(1, 86)=17.69$，$p<0.001$，$\eta^2=0.05$，异质性高自尊类型与事件性质之间存在显著的交互作用，$F(1, 86)=26.20$，$p<0.001$，$\eta^2=0.07$，事件性质与事件社交与否之间存在显著的交互作用，$F(1, 384)=101.68$，$p<0.001$，$\eta^2=0.23$，具体如图7.11所示；异质性高自尊类型与事件性质与事件社交与否三个因素之间存在交互作用，$F(1, 174)=22.87$，$p<0.001$，$\eta^2=0.06$。

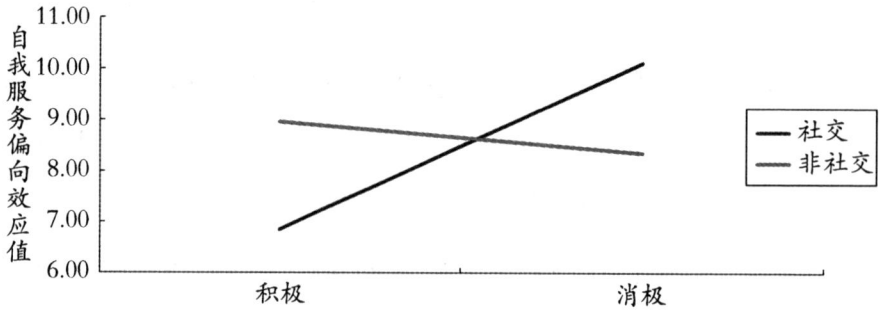

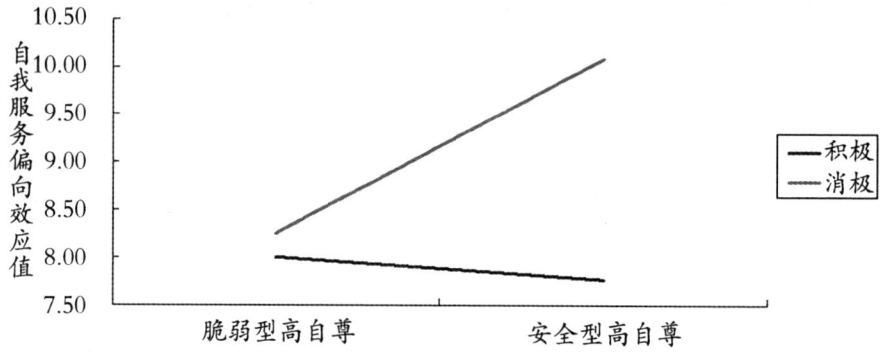

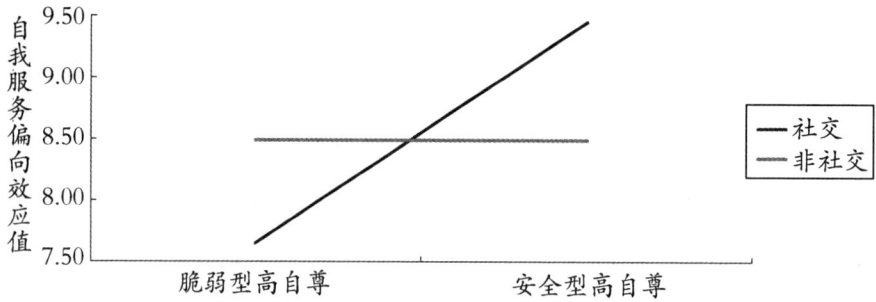

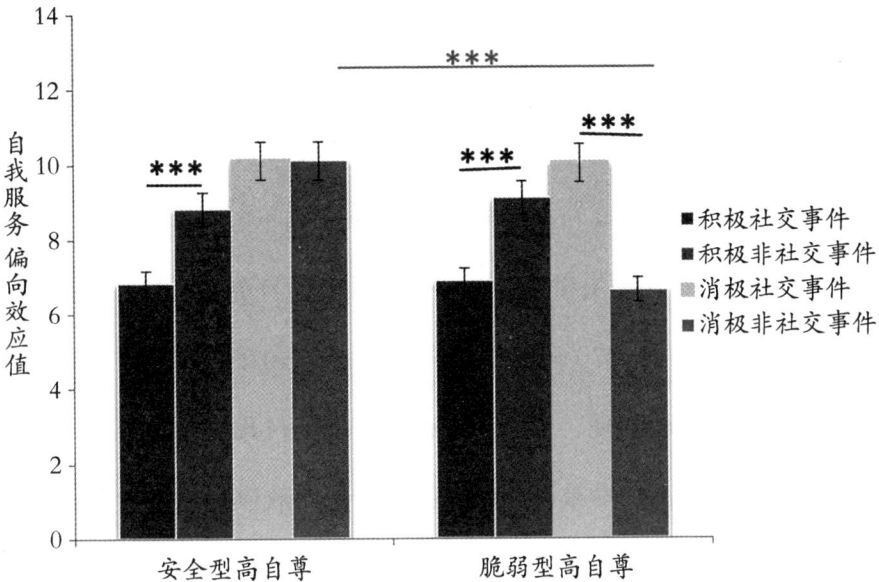

图7.11　异质性高自尊者在不同类型事件中自我服务偏向交互关系分析

这表明，异质性高自尊者不同类型之间延时自我服务偏向效应差异明显，积极与消极性质事件之间延时自我服务偏向效应明显，社交与否性质事件之间延时自我服务偏向效应不明显；异质性高自尊类型与事件类型对延时自我服务偏向影响存在交互作用，同时两种事件类型对延时自我服务偏向的影响也存在交互作用。

7.4.3.3 异质性高自尊者同一类型事件上的延时自我服务偏向比较分析

由前文分析可知，延时自我服务偏向在各因素上主效应显著，两两交互作用显著，为进一步分析在不同类型事件上异质性高自尊者延时自我服务偏向的特征，对每类事件上的延时自我服务偏向效应值进行单因素方差分析。每类事件上的自我服务偏向效应值方差分析结果表明（如图7.12），在积极事件上异质性高自尊者延时自我服务偏向差异不显著，$F(1, 87) = 0.24$，$p = 0.60$；在消极事件上异质性高自尊者延时自我服务偏向差异显著，$F(1, 87) = 30.86$，$p < 0.001$，$\eta^2 = 0.14$；在社交事件上异质性高自尊者延时自我服务偏向差异不显著，$F(1, 87) = 0.001$，$p = 0.98$；在非社交事件上异质性高自尊者延时自我服务偏向差异显著，$F(1, 87) = 21.12$，$p < 0.001$，$\eta^2 = 0.23$。将异质性高自尊两类被试进行比较发现，二者都存在延时积极自我服务偏向。方差分析显示，安全型高自尊被试延时自我服务偏向效应明显高于脆弱型高自尊被试，$F(1, 43) = 11.27$，$p < 0.001$，$\eta^2 = 0.31$。

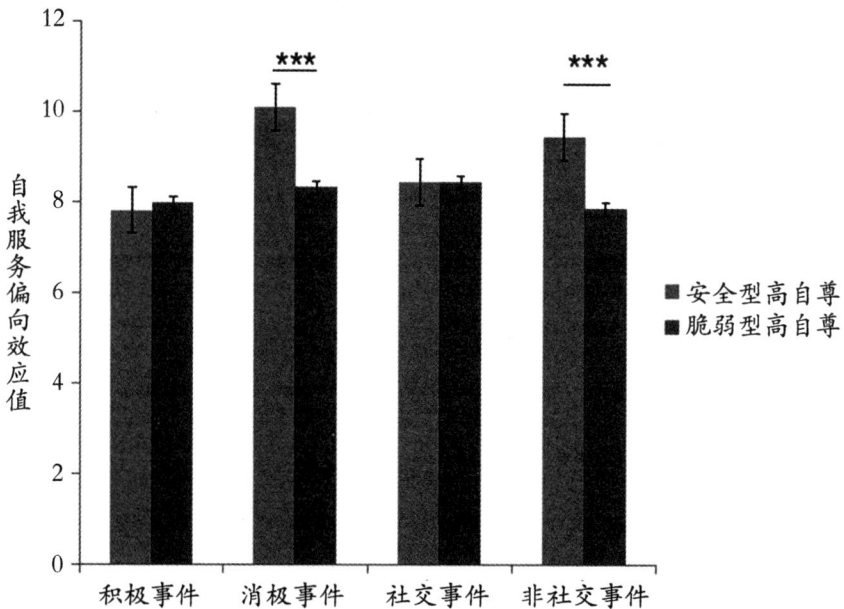

图7.12 异质性高自尊者在不同性质事件中延时自我服务偏向比较分析

7.4.4 讨论

7.4.4.1 异质性高自尊青少年延时自我服务偏向的一般特征

自我服务偏向广泛存在于高自尊个体，这是不争的事实，也是前文研究中逐一证实的观点。延时服务偏向作为自我服务偏向的一个亚型，应该具有自我服务偏向的一般特征。本实验证实，异质性高自尊被试存在延时自我服务偏向效应。但在不同的事件类型中，不同类型被试又表现出不同的特征。在积极事件中，无论涉不涉及社交，脆弱型高自尊者都表现出明显的延时自我服务偏向；在消极社交与否事件中，脆弱型高自尊者之间表现出很大的差异性，消极社交事件中脆弱型高自尊者表现出明显的延时自我服务偏向，而消极非社交事件中脆弱型高自尊者则没有表现出延时自我服务偏向。在消极事件中，无论涉不涉及社交，安全型高自尊者都表现出明显的延时自我服务偏向；在积极社交与否的事件中，安全型高自尊者之间表现出很大的差异性，积极社交事件中安全型高自尊者没有表现出明显的延时自我服务偏向，而积极非社交事件中安全型高自尊者表现出延时自我服务偏向。两类被试延时自我服务偏向一般特征存在显著的差异，可以看出脆弱型高自尊被试更关注积极事件中的延时自我服务，这是内隐自我价值提升的需要，安全型高自尊被试更关注消极事件中的延时自我服务，这是外显自我保护，即维护面子的需要。所以，在消极社交事件中脆弱型高自尊者会极力进行自我服务，保护内在的自我价值，而在非社交事件中则不再极力维护；安全型高自尊者刚好相反，在消极社交事件中不极力维护，因为其自我价值的肯定来自内心对自我价值的积极元认知，即使发生消极社交事件，其依然对自我充满信心。安全型高自尊者在消极非社交事件中表现出延时自我服务偏向，为维护自我内在的高自尊，其不会做出非自我服务偏向选择，防止破坏内隐自尊的持续稳定性。这些异质性高自尊者延时自我服务偏向的一般特征与国内学者的研究不一致（赵珊玲，2014），但与国外学者的研究相一致（Mayer，Polak，& Remmerswaal，2018）。如果排除实验设计及材料的原因，这一研究发现可能提示被试群体本身的差异性是导致实验结果差异的主要原因，实验中的被试群体多为00后，正处于青年初期阶段，更在乎别人的评价而忽视传统文化中的自谦，更不会考虑决定对社交的影响，因而可能表现出与前人研究不一致的特征。

7.4.4.2 异质性高自尊青少年延时自我服务偏向的差异性

研究发现，在不同类型事件中，异质性高自尊者自我服务偏向效应表现出很大的差异性。总体而言，安全型高自尊者相对于脆弱型高自尊者，表现出更加明显的延时自我服务偏向，这与以往学者的研究相一致，即安全型高自尊者对自我价值的评价和维护更加积极，表现出更加明显的自我积极评价（赵珊玲，2014）。这种积极性的维护或提升受到事件性质的影响，特别是在消极事件中两类高自尊者更容易表现出延时自我服务偏向。根据恐惧管理理论的观点（Baumeister，2009），当自我评价受到威胁时，人们更愿意采取积极的自我维护性评价以维护自尊。受中庸思想的影响，许多中国人都有"不求无功但求无过"的思想，个体更在乎消极事件对自我的影响。社交与否在本研究中没有从总体上表现出延时自我服务偏向的差异性，这可能与研究被试群体均为大学生，缺少广泛的社会交往经历有关。同时，延时自我服务偏向不同于即时自我服务偏向，更容易受到个体认知、经历等显性因素的影响。研究发现，各因素之间交互作用明显，两两比较发现，在非社交事件中异质性高自尊者之间延时自我服务偏向差异显著，安全型高自尊者表现出更为明显的延时自我服务偏向，而脆弱型高自尊者延时自我服务偏向在社交事件中更为明显。脆弱型高自尊者在非社交事件中表现出更多的自我怀疑，对自我的评价在人前人后具有差异性，这印证了学者们提出的"脆弱型高自尊者更容易产生自我怀疑，有认知冲突和自我怀疑的研究表现（张丽华等，2017）"的观点。将两两因素交互作用进行比较发现，消极社交事件更容易引起延时自我服务偏向，积极社交事件诱发水平最低，而非社交事件积极和消极诱发差异不明显。这一特征符合前文研究中即时解释偏向的特征（Izabela et al.，2018），说明在即时和延时上异质性高自尊者存在消极事件中进行自我维护的一致性特征，这进一步提示消极事件中自我服务偏向的研究价值。

7.4.4.3 异质性高自尊青少年延时自我服务偏向同质事件上自我服务偏向的差异性

前文中我们提到，不同因素之间存在明显的交互作用。在积极事件中，安全型高自尊和脆弱型高自尊被试延时自我服务偏向不存在显著差异，这符合实验一证实的人们普遍存在积极自我认知的特征。在消极事件中，安全型高自尊被试表现出更为明显的延时自我服务偏向，从心理健康的角度来看，消极事件带来的心理问题更为明显；脆弱型高自尊被试表现出的延时自我服务偏向的有限性，会在一定程度上影响这类群体的心理健康。在社交事件中，异质性高自尊被试之间不存在自我服务偏向的差异，这可能与中国人的"谦和""爱面子"等人格特征有关。异质性高自尊被试在社交事件中表现出更多的宽以待人的心理倾向，从而赢得更好的社会支持。在非社交事件中，安全型高自尊被试表现出更为明显的延时自我服务偏向，脆弱型高自尊被试则表现出更少的延时自我服务偏向，这种差异性体现了脆弱型高自尊被试的延时自我服务偏向中具有更多自我内省的隐形特征。综合研究发现，安全型高自尊被试延时自我服务偏向效应更为明显，这一特征可能与安全型高自尊被试的认知方式和人格特征有关。安全型高自尊者拥有更加积极的自我认知，自我价值肯定的信息来源和途径更为广泛，对人对事表现得更加自信和乐观（Virgil et al., 2017）；而脆弱型高自尊者容易受到外界事件的冲击，自尊状态容易发生权变，虽然能在短时间内调适自我心理状态，但长远来看不利于其心理健康发展。因此，探讨脆弱型高自尊者的自我偏向服务的发生和调节机制是下一步研究的重点。

第 8 章
青少年高自尊保护的发生机制探究

8.1 异质性高自尊者自我服务偏向发生机制的原理探究

8.1.1 异质性高自尊者自我服务偏向发生机制的功用性

异质性高自尊者自我服务偏向具有自尊保护作用，按照动机驱动的观点，自我服务偏向是一种普遍存在的动机，它广泛地表现为促进和保护自尊（Alicke, &Sedikides, 2011）。它直接影响自我评价动机（Sedikides, &Strube, 1995），如自我评估（Festinger, 1954）、自我验证（Swann, Rentfrow, &Guinn, 2003）和自我改进（Taylor, Neter, &Wayment, 1995）。高自尊者自我服务偏向会诱发积极偏见的社会比较（Heck, &Krueger, 2015；Kwan, John, Kenny, Bond, &Robbins, 2004；Sedikides, 2015）。Festinger（1954）认为，人们在思考缺乏客观评价标准时，往往会进行社会比较。

8.1.2 异质性高自尊者自我服务偏向发生机制的广泛性

异质性高自尊者的自我服务偏向并不局限于自尊的提升，还表现在判断、记忆、情感和行为上（Alicke, &Sedikides, 2011；Baumeister, 1998；Kunda, 199）。例如，高自尊者对自我积极相关属性记忆优于消极相关属性记忆（Sedikides, &Green, 2004；Walker, Skowronski, &Thompson, 2003），回忆积极事件比回忆消极事件更准确（Ritchie, Sedikides, & Skowronski, 2016），强调积极而非消极的自我方面的经历（Sedikides, 1993），强调积极的愿望（Gaertner, Sedikides, & Cai, 2012），期望从社会互动中得到积极的反馈（Hepper, Hart, Gregg, & Sedies, 2011），对个人成功和个人失败做出合理归因（Campbell, & Sedikides, 1999），对与自我有关的群体的成功给予赞扬，否认对与自我有关的群体的失败的指责（Mullen, & Riordan, 1988; Schlenker, & Miller, 1977），为即将到来的失败进行自我开脱（Tice, 1991），减损失败反馈的有效性（Shepperd, 1993），以及对自我失败事件的贬低（Major, Spencer, Schmader, Wolfe, & Crocker, 1998）。

8.1.3 异质性高自尊者自我服务偏向发生机制的策略性

异质性高自尊者自我服务偏向的关键要素是以自我为主要参照者。特别是对人们是否采用与他人同样的观点看待自我，当选择自我是参照物时自我服务偏向的过程就会显现出来。因此，异质性高自尊者并非永远都是盲目乐观的，还要看具体的情境，是外显还是内隐情境，是成功还是失败情境，是私下还是公开，等等。因此，异质性高自尊者的自我服务偏向具有微妙的策略性，而不是一味地以自我为中心，因为一味的自我服务可能被视为傲慢、自私（Heck, & Krueger, 2016; Van Damme, Hoorens, & Sedikides, 2016; Kwan, John, Kenny, Bond, & Robins, 2004; Colvin, Block, & Funder, 1995）。异质性高自尊者的自我服务偏向具有情景感知差异性的特征。

8.1.4 异质性高自尊者自我服务偏向发生机制的双刃性

异质性高自尊者自我服务偏向是个体心理健康特征的作用机制，但同时也有负面影响。异质性高自尊者自我服务偏向积极作用机制有，会让个体心理更健康、幸福感更高（Bonanno，2002；Taylor，Lerner，Sherman，Sage，&McDowell，2003；Zuckerman，& O' Loughlin，2006），会让个体在受到伤害后较少体会到心理痛苦（Gupta，& Bonanno，2010），更高的自尊和心理弹性（Paulhus，Harms，Bruce，& Lysy，2003），促进任务的执行（Taylor，&Brown1988）。但也有消极作用，如形成消极看法（Bonanno，Field，Kovacevic，&Kaltman，2002；Bonanno，Rennicke，& Dekel，2005）。在这一发生机制中，自我效能感起到催化剂的作用（Bandura，1982；Bandura，& Cervone，1983；Wood，&Locke，1987），自我效能也能促进异质性高自尊者自我服务偏向自动产生。

8.1.5 异质性高自尊者自我服务偏向发生机制的跨文化一致性

自我服务偏向对自尊的提升作用得到跨文化研究的支持。研究发现，自我价值与个人成就和成果的联系程度上虽然存在文化差异，但不是说来自东方文化的人没有自我服务偏向，总体来说，哪里需要保护自尊，哪里就存在自我服务偏向。在西方文化中，身份和自尊与个人成就密切相关（Felson，1984；Marsh，& Young，1997）。来自西方文化的人在成功时自我价值会增加，在失败时自我价值会减少（Heine，& Hamamura，2007）。相比之下，在东方文化中，个人成功和自我价值之间的关系具有隐蔽性。这也说明了异质性自尊下的自我服务偏向具有内隐性的特征。虽然有研究表明自我服务偏向具有文化差异性，来自西方文化的人比来自东方文化的人表现出更强的自我服务偏向（Heine，& Hamamura，2007；Falk et al.，2015；Cai et al.，2016），来自东方文化的人对成功和失败的自我服务偏向比来自西方文化的人要弱（Mezulis，Abramson，Hyde，& Hankin，2004），但这可能是文化偏见观带来的认识。普遍认为来自西方文化的人容易提高个体行为价值，来自东方文化的人尤其是集体容易提高群体行为价值（Sedikides，Gaertmer，& Toguchi，2003；Sedikides，Gaertner，& Vevea，2005）。来自西方文化的人比来自东方文化的人更有可能在独立性、原创性、独特性等特质上更好地评价自己，来自东方文化的人则更有可能在随和、妥协、合作和忠诚等特质上评价自己，这也是自我服务偏向的评价。研究还发现，异质性高自尊即时、内隐自我服务偏向是普遍存在的，而文化是自我服务偏向产生的一个重要因素。

8.2 异质性高自尊者自我服务偏向发生的行为机制探究

从理论上说，人类有一种通过与相似的人进行比较来评价自己的观点和能力的动力。社会比较研究认为，高自尊者的社会比较行为有3个基本动机：自我评价、自我增强和自我完善（Festinger，1954；

Suls，& Miller，1977；Wills，1981）。低自尊者自我概念极其不稳定，对社会反馈极其敏感（Wayment，& Taylor，1995）。那些感觉到自己的自我概念受到威胁的人，将自我服务偏向作为一种自尊保护策略（Hu，2016）。那么，在这个过程中异质性高自尊者是如何运作的呢？

首先，应当发生刺激事件并感知到自我威胁的存在。每个人对事件的看法存在差异性，异质性高自尊者更是如此。所以异质性高自尊者自我觉察的水平直接影响了自我服务偏向。将自我与心中的标准进行比较时，只有存在自我意识才会发生作用（Duval，& Wicklund，1972）。当自我意识低下时，自我与任何特定标准之间的关系都是模糊的，自我觉察能力也是低的，因此，此时的刺激事件对于个体来说等同于中性事件。如果个体不知道自我和标准是如何匹配的，那么任何可能存在的差异都不会产生情感体验。而异质性高自尊者不是如此，一般情况下他们的自我意识非常高，对成功的事件有积极的感觉，对失败的反馈有消极的感觉。自我对失败和成功的觉察程度直接影响自我与标准的比较程度（Scheier，& Carver，1983）。异质性高自尊者自我觉察水平高时会增加自我服务偏向的发生概率（Silvia，& Gendolla，2011）；自我觉察水平低时会减少自我服务偏向的发生概率（Diener，1979）。这一点也得到了理论的支持，如果自我觉察的意识很低，缺乏与自我的冲突，没有什么可以调和和改进之处，自我服务偏向的发生概率便会受到影响。

其次，要考察上述事件结果是否被公开。结果信息公开是指暴露一个人（个人、团队或组织）的绩效结果于他人（同事、家庭成员或社会熟人）所知的环境中。当异质性高自尊者的绩效结果为他人所知时，而且所处的环境与他人所处的环境相似时，就可以与他人在同一水平上进行比较。如果异质性高自尊者得到的反馈是积极的，会增强他们的自尊，那么他们很可能做出内归因；如果异质性高自尊者得到的反馈是消极的，为了保护自己的自尊，他们可能倾向于将失败归因于外部因素。

当异质性高自尊者的表现不被公开时，他们就不会暴露在一个比较的环境中。在这种情况下，异质性高自尊者的自我受到的威胁更少，可能会更客观地分析事件的结果，做出更客观的归因。他们可能将成功归因于内部因素和外部因素，也可能将失败归因于内部因素和外部因素，而不表现出自我服务偏向。更具体地来看，在面对负面结果时，异质性高自尊者更容易在人际比较环境中受到威胁，个人倾向于对失败进行外部归因而不是内部归因。在非公开环境中，异质性高自尊者可能对失败进行更多的反思。这一观点得到了中国学者普遍的认同（王小艳，2016；Wen Shanshan，2018）。行为组织学的研究也得出了一致的结果，在两种不同的情境（公共和私有）中测试个体的自我服务偏向，结果表明，环境（公共或私有）是自我服务偏向不一致的直接因素。在公共环境中，高自尊者可能将失败更多地归因于外部因素。根据调查，当将所有员工的业绩结果公开时，表现不佳的员工倾向于将失败或负面反馈归因于外部因素，更可能为自己的失败寻找借口。这将对企业的后续绩效和组织效率产生积极影响，因为当业绩结果公之于众后，员工可能会对其他员工的绩效有更多的了解，并形成更强的比较和竞争倾向（Wen Shanshan，2018）。

最后，异质性高自尊者是如何通盘考虑这些中间变量，从而影响自我服务偏向的呢？研究发现，自我对失败感的觉察和公开程度起到了异质性高自尊与自我服务偏向之间显著的链式中介路径的作用。高自尊者在别人获得成功评价时会感到骄傲和自我良好，而低自尊者则会感到嫉妒和悲伤。异质性高自尊者具有外显自尊较高，而内隐自尊存在差异的特点，这种差异可能是异质性高自尊者在面对同样评价时有不同反应的原因，但仅仅用外显自尊水平作为考察的变量比较单一，引入自我觉察失败感和他人觉察两个变量发现，异质性高自尊者间接通过自我觉察失败感和他人觉察的链式中介作用影响自我服务偏向的发生。因此，自我觉察失败感和他人觉察在异质性高自尊者自我服务偏向发生机制上起到了关键纽带作用。当然，在未来的研究中，还可能找到异质性高自尊者自我服务偏向更为广泛的中介和调节因素。

8.3 异质性高自尊者自我服务偏向发生的神经机制探究

Fossati（2003）利用自我参照实验进行了功能磁共振的研究，并对自我参照条件下和所有非自我参照条件下的刺激情绪值进行事后分析，发现左右岛叶、颞叶、枕叶和下顶叶的激活作用明显减少。他认为这种减少可能是由情绪信息处理的差异导致的。自正性偏差研究表明，个体对正信息的加工与个体特征相关，对负信息的加工与个体特征无关。因此，活动上的差异可能不是由于语言刺激的情绪性，而是由于在自我参照条件下的自我判断（像我这样的人、和我一样的人）造成的。Moran（2006）等人通过分析自我参照条件下的自我判断（像我与完全不像我）和刺激的情感效价（积极与消极）来解决这个问题。大脑组织在与自我相关信息的处理和情感效价的处理之间表现出明显的区别。据Craik（1999）、Kelley（2002）、Fossati（2003）等人研究，内侧前额叶皮层仅对自我相关事件起作用，自我相关情感效价激活的则是腹侧前扣带回的邻近区域，自我参照信息的处理与内侧前额叶皮层的增强有关。Craik（1999）等人应用PET技术研究了自我参照范式中的自我参照效应。Kuiper和Rogers（1979）研究表明，与其他指称条件、一般条件和音节条件相比，额叶激活与自我条件刺激有关。随后，大量研究确定了前额叶皮层激活，特别是内侧前额叶、后扣带回和前扣带回内的激活，是自我参照加工的特有脑区（Johnson，2002；Kelley，2002；Gunsard，2001）。研究结果中的这一共识似乎表明，自我参照是一个单一的结构，其表现为mPFC和扣带回皮层内大脑结构网络的活动。这与我们研究中溯源定位的脑区域基本一致，国内学者郭婧（2011）等研究表明，归因的自我服务偏向与双侧尾状核的血氧含量信号增强有关；而归因的非自我服务偏向与角回、颞中回和眼窝前额皮层的血氧信号增强有关。王小艳（2016）对隐含因果关系中的自我服务偏向的脑机制的研究发现，背内侧前额叶、眶额叶皮层等的激活与自我服务偏向有关。因此，结合本研究的结果，我们认为左内侧前额叶皮层是异质性高自尊者自我服务偏向的关键脑区。

通过对脑电成分的研究，发现了一些新的认识。Krusemark E.A.、Campbell W.K.和Clementz B.A.（2008）研究发现，自我服务偏向选择图片呈现在mPFC区域，140ms、220ms和320ms时出现明显的波峰。杨娟（2009）的外显自尊的神经生理基础研究和内隐自尊的神经生理基础研究发现，与自我相关的刺激都无一例外地诱发了P300成分。P200成分是注意的早期成分，与注意的早期选择有关，其发生在注意加工的P160—P220成分之间。已有研究表明，P200成分与刺激的性质、强度以及被试的情绪有着密切的关系，P200成分的波幅与被试对威胁性刺激的注意分配成正比。

也有研究认为，N400成分可能是自我服务偏向的主要脑电成分；进一步分析发现，N400成分主要与个体对敌对意图的归因有关。当存在明显的敌对线索时，非攻击性个体就会进行自我服务偏向归因。因此，攻击性个体和非攻击性个体在敌对推理加工方面存在潜在差异性（Anderson, & Bushman, 2002; Crick, & Dodge, 1994; Huesmann, 1988; Tdorov, & Bargh, 2002）。这种差异性是N400成分产生的主要原因，这与攻击性参与者脑电分析的研究发现相一致。P200成分也是注意加工的脑电成分，异质性高自尊被试对有利于自我的归因刺激投入过多的注意资源，也可能是其发生机制之一。在个体得到事件的反馈以后，要对事件做一个归因，以考察其自我服务偏向，这可能与反馈机制本身就有情绪启动作用有关。虽然研究证实了左侧mPFC区域中的P200成分是异质性高自尊者的自我服务偏向效应发生的主要神经机制，但为了更加全面地揭示异质性高自尊者自我服务偏向的运行机制，还需要不断探索，以设计出更加精细巧妙的实验，综合运用脑电、fMRI成像、近红外成像等技术，才能揭示其电神经生理机制的全貌。

主要参考文献

［1］杨丽珠，张丽华.论自尊的心理意义［J］.心理学探新，2003（04）：10-12.

［2］弓思源，胥兴春.始成年期自我同一性发展特点及影响因素［J］.心理科学进展，2011（12）：1769-1776.

［3］申喆，周策.从政策角度看我国中小学心理健康教育的发展特点及趋势［J］.教学与管理，2013（07）：38-40.

［4］傅宏.心理健康教育该做什么——《中小学心理健康教育指导纲要》目标与任务解读［J］.基础教育参考，2013（07）：5-7.

［5］黄仁辉，李洁，李文虎.自我服务偏向对自尊心理的保护及提升作用［J］.中国临床康复，2005（12）：164-165.

［6］田录梅，张向葵.自尊与自我服务偏好的关系述评［J］.心理科学进展，2007，15（04）：631-636.

［7］胡天强，张大均.中学生心理素质与抑郁的关系：自我服务归因偏向的中介作用［J］.西南大学学报（社会科学版），2015，41（06）：104-109.

［8］张玉杰.中学生人际交往初探［J］.心理发展与教育，1986

（03）：49–52.

［9］王小艳. 隐含因果关系中的自我服务偏向研究［D］. 华东师范大学.

［10］郭婧. 自我服务偏向的产生机制——来自行为和fMRI的证据［D］. 西南大学.

［11］王轶楠. 自尊稳定性的认知神经机制［J］. 心理科学进展，2018，26（10）：1724–1733.

［12］赵珊玲. 不同自尊类型者的解释偏向研究［D］. 曲阜师范大学.

［13］崔红，王登峰. 中国人人格形容词评定量表（QZPAS）的信度、效度与常模［J］. 心理科学，2004（01）：185–188.

［14］段锦云，古晓花，孙露莹. 外显自尊、内隐自尊及其分离对建议采纳的影响［J］. 心理学报，2016，48（04）：371–384.

［15］舒首立，郭永玉，黄希庭. 中国人的自尊结构初探［J］. 心理学探新，2015，35（05）：425–431.

［16］刘肖岑，桑标，张文新. 大学生自我提升的特点及其与自尊的关系［J］. 心理科学，2010，33（02）：294–298.

［17］杜林致. 归因与文化：分析成败原因，预测行为模式［M］. 中国社会科学出版社，2006年.

［18］白露，马慧，黄宇霞，等. 中国情绪图片系统的编制——在46名中国大学生中的试用［J］. 中国心理卫生杂志，2005（11）：719–722.

［19］黄希庭，尹天子.从自尊的文化差异说起［J］.心理科学，2012，35（01）：2-8.

［20］邝海春.青年学若干概念阐释——《青年学辞典》辞条选登（一）［J］.青年探索，1990（04）：25-27.

［21］张玉杰.中学生人际交往初探［J］.心理发展与教育，1986（03）：49-52.

［22］邓希泉.2014年中国青年人口与发展统计报告［J］.中国青年社会科学，2015，34（02）：7-11.

［23］雷雳，张雷.青少年心理发展［M］.北京大学出版社，2008年.

［24］李少文.法治社会未成年人权益保护的新思路——从规范到过程的权利保护模式改造［J］.青少年犯罪问题，2013（06）：67-72.

［25］曹彦.关于推迟共青团员离团年龄问题的探讨［J］.山西青年职业学院学报，2014，27（03）：17-20.

［26］张丽华，张索玲，侯文婷.青少年自尊发展特点研究［J］.辽宁师范大学学报（社会科学版），2009，32（02）：56-58.

［27］黄希庭，凤四海，王卫红.青少年学生自我价值感全国常模的制定［J］.心理科学，2003（02）：194-198.

［28］张林.青少年自尊结构、发展特点及其影响因素的研究［D］.东北师范大学.

［29］张丽华，施国春，张一鸣.脆弱型高自尊高中生攻击性线索注意偏向［J］.心理与行为研究，2016，14（01）：36-41.

［30］张丽华，曹杏田.脆弱型高自尊研究：源起、现状与展望

［J］.辽宁师范大学学报（社会科学版）：2017，40（06）：1-6.

［31］杨慧，吴明证，刘永芳.自尊与记忆偏向的关系［J］.心理科学，2012，35（04）：962-967.

［32］刘明.高中学生自尊水平与学业、人际成败归因方式关系研究［J］.心理科学，1998（03）：281-282.

［33］王皓，苏彦捷.青少年负性评价恐惧与心理理论的关系：抑郁的调节作用［J］.心理研究，2014，7（02）：44-51.

［34］朱滢，张力.自我记忆效应的实验研究［J］.中国科学（C辑：生命科学）：2001（06）：537-543.

［35］杨娟，张庆林.外显自尊的P300效应：来自ERP的证据［J］.心理研究，2008，1（02）：16-20.

［36］刘明妍，吴师，王妍，等.自我威胁与防御：自尊的调节作用［J］.心理技术与应用，2017，5（01）：43-51.

［37］胡心怡，陈英和.高自尊威胁后防御和消极情绪的特点：自尊和自我价值权变性的不同调节作用［J］.心理学探新，2016，36（02）：164-170.

［38］龚栩，黄宇霞，王妍，等.中国面孔表情图片系统的修订［J］.中国心理卫生杂志，2011，25（01）：40-46.

［39］Higgins E. T. . Self-discrepancy: A theory relating self and affect［J］.Psychological Review，1987，94（03）：319-40.

［40］Baumeister R. F., Dori G. A., & Hastings S. . Belongingness and temporal bracketing in personal accounts of changes in self-esteem［J］.

Journal of Research in Personality, 1998, 32（02）: 222–235.

［41］Brown M. A., & Brown J.D. . Self–enhancement biases, self–esteem, and ideal mate preferences［J］. Personality and Individual Differences, 2015（74）: 61–65.

［42］Vrabel J. K., Zeigler–Hill V., & Southard A.C. . Self–esteem and envy: Is state self–esteem instability associated with the benign and malicious forms of envy?［J］. Personality and Individual Differences, 2018（123）: 100–104.

［43］Brown J. D., & Marshall M. A. . Self–Esteem and Emotion: Some Thoughts about Feelings［J］. Personality and Social Psychology Bulletin, 2001, 27（05）: 575–584.

［44］Donnellan M. B., Trzesniewski K. H., Robins R. W., Moffitt, & Caspi A. . Low self–esteem is related to aggression, antisocial behavior, and delinquency［J］. Psychological Science, 2005, 16（04）: 328–335.

［45］DuBois D. L., & Tevendale H. D. . Self–esteem in childhood and adolescence: Vaccine or epiphenomenon?［J］. Applied and Preventive Psychology, 1999（08）: 103–117.

［46］Flory K., Lynam D., Milich R., Leukefeld C., & Clayton, R. . Early adolescent through young adult alcohol and marijuana use trajectories: Early predictors, young adult outcomes, and predictive utility［J］. Development and Psychopathology, 2004, 16（01）: 193–213.

［47］McGee R., & Williams S. . Does low self–esteem predict health compromising behaviors among adolescents? [J]. Journal of Adolescence, 2000, 23（05）: 569-582.

[48] McGee R., Williams S., & Nada-Raja S.. Low self-esteem and hopelessness in childhood and suicidal ideation in early adulthood [J]. Journal of Abnormal Child Psychology, 2001, 29（04）: 289-291.

[49] Baumeister R. F., Campbell J. D., Krueger J. I., & Vohs, K. D.. Exploding the self-esteem myth [J]. Scientific American, 2005, 292（01）: 70-77.

[50] Blachnic A., Przepiorka A., & Pantic I.. Association between facebook addiction, self-esteem and life satisfaction: A cross-sectional study [J]. Computers in Human Behavior, 2016（55）: 701-705.

[51] Endo Y.. What is self-esteem? A review from an interpersonal perspective on self-esteem [J]. Japanese Journal of Experimental Social Psychology, 2010, 39（02）: 150-167.

[52] Caldwell Roslyn M., Bentler Larry E., Ross S. A., & Clayton S. N.. Brief report: An examination of the relationships between parental monitoring, self-esteem and delinquency among Mexican American male adolescents [J]. Journal of Adolescence, 2006, 29（03）: 459-464.

[53] Dubois D. L., & Tevendale H. D.. Self-esteem in childhood and adolescence: Vaccine or epiphenomenon? [J]. Applied and Preventive Psychology, 1999, 8（02）: 103-117.

[54] Woodward L. J., Fergusson D. M., & Horwood L. J.. Deviant

partner involvement and offending risk in early adulthood [J]. Journal of Child Psychology and Psychiatry, and Allied Disciplines, 2002, 43 (02): 177–190.

[55] Rosenberg M., Schooler C., & Schoenbach C.. Self-esteem and adolescent problems: Modeling reciprocal effects [J]. American Sociological Review, 1989, 54 (06): 1004–1018.

[56] Sprott J. B., & Doob A. N.. Bad, sad, and rejected: The lives of aggressive children [J]. Canadian Journal of Criminology, 2000, 42 (02): 123–133.

[57] Jang S. J., & Thornberry T. P.. Self-esteem, delinquent peers, and delinquency: A test of the self-enhancement thesis [J]. American Sociological Review, 1998, 63 (04): 586–598.

[58] Hoge D. R., & Mccarthy J. D.. Influence of individual and group identity salience in the global self-esteem of youth [J]. Journal of Personality and Social Psychology, 1984, 47 (02): 403.

[59] Baumeister R. F., Bushman B. J., & Campbell W. K.. Self-esteem, narcissism, and aggression: Does violence resnlt from low self-esteem or from threatened egotism? [J]. Current Directions in Psychological Science, 2000, 9 (01): 26–29.

[60] Rosenberg M.. Self-esteem and the adolescent (economics and the social sciences: society and the adolescent self-image) [J]. New England Quarterly, 1965, 148 (02): 177–196.

[61] Tracy J. L., & Robins R. W.. "Death of a (narcissistic) salesman": An integrative model of fragile self-esteem [J]. Psychological Inquiry, 2003, 14 (01): 57-62.

[62] Chen X., Ye J., & Zhou H.. Chinese male addicts' drug craving and their global and contingent self-esteem [J]. Social Behavior and Personality: An International Journal, 2013, 41 (06): 907-919.

[63] Dubois D. L., Bull C. A., Sherman M. D., & Roberts M.. Self-esteem and adjustment in early adolescence: A social-contextual perspective [J]. Journal of Youth and Adolescence, 1998, 27 (05): 557-583.

[64] Perrella R., &Caviglia G.. Internet addiction, self-esteem, and relational patterns in adolescents [J]. Clinical Neuropsychiatry, 2017, 14 (01): 82-87.

[65] Valkenburg P. M., Koutamanis M., & Vossen H. G. M.. The concurrent and longitudinal relationships between adolescents' use of social network sites and their social self-esteem [J]. Computers in Human Behavior, 2017, (76): 35-41.

[66] Wells L. E., & Rankin J. H.. Self-concept as a mediating factor in delinquency [J]. Social Psychology Quarterly, 1983 (46): 11-22.

[67] Wells L. E.. Self-enhancement through delinquency: A conditional test of self-derogation theory [J]. Journal of Research in Crime and Delinquency, 1989, 26 (03): 226-252.

[68] Jang S. J., & Thornberry T. P.. Self-esteem, delinquent

peers, and delinquency: A test of the self-enhancement thesis [J] . American Sociological Review, 1998, 63 (04) : 586-598.

[69] Eastman B. J. . Assessing the efficacy of treatment for adolescent sex offenders: A cross-over longitudinal study [J] . Prison Journal, 2004, 84 (04) : 472-485.

[70] Woolredge J., & Hartman J. . Effectiveness of culturally specific community treatment for African American juvenile felons [J] . Crime and Delinquency, 1994, 40 (04) : 589-598.

[71] Baumeister R. F., Smart L., & Boden J. M. . Relation of threatened egotism to violence and aggression: The dark side of high self-esteem [J] . Psychological Review, 1996, 103 (01) : 5-33.

[72] Baumeister R. F., Bushman B. J., & Campbell W. K. . Self-esteem, narcissism, and aggression: Does violence result from low self-esteem or from threatened egotism? [J] . Current Directions in Psychological Science (Wiley-Blackwell) : 2000, 9 (01) : 26-29.

[73] Bushman B. J., & Baumeister R. F. . Threatened egotism, narcissism, self-esteem, and direct and displaced aggression: Does self-love or self-hate lead to violence? [J] . Journal of Personality and Social Psychology, 1998, 75 (01) : 219-229.

[74] Jou, S. S. . The associations between school factors and delinquency [J] . Research in Applied Psychology, 2011 (11) : 93-115.

[75] Turner R. G., Scheier M. F., Carver C. S., & Ickes W. .

Correlates of self-consciousness [J] . Journal of Personality Assessment, 1978, 42（03）: 285.

[76] Ickes W. J., Wicklund R. A., & Ferris C. B.. Objective self awareness and self-esteem [J] . Journal of Experimental Social Psychology, 1973, 9（03）: 202-219.

[77] Pelham B. W., Koole S. L., Hardin C. D., Hetts J. J., Seah E., & Dehart T.. Gender moderates the relation between implicit and explicit self-esteem [J] . Journal of Experimental Social Psychology, 2005, 41（01）: 84-89.

[78] Koole S. L., Dijksterhuis A., & Van Knippenberg A. . What's in a name: Implicit self-esteem and the automatic self [J] . Joumal of Personality and Social Psycholog, 2001, 80（04）: 669-685.

[79] Olson M. A., Fazio R. H., & Hermann A. D. . Reporting tendencies underlie discrepancies between lmplicit and explicit measures of self-esteem [J] . Psychological Science, 2007, 18（04）: 287-291.

[80] Zeigler-Hill V., & Terry C. . Perfectionism and explicit self-esteem: The moderating role of implicit self-esteem [J] . Self and Identity, 2007, 6（02-03）: 137-153.

[81] Kopala-Sibley D. C., Rappaport L. M., Sutton R., Moskowitz D. S., & Zuroff D. C. . Self-criticism, neediness, and connectedness as predictors of interpersonal behavioral variability [J] . Journal of Social and Clinical Psychology, 2013, 32（07）: 770-790.

［82］Dunkley D. M., Masheb R. M., & Grilo C. M. . Childhood maltreatment, depressive symptoms, and body dissatisfaction in patients with binge eating disorder: The mediating role of self-criticism［J］. The International Journal of Eating Disorders, 2010, 43（03）: 274-281.

［83］Heine S. J. . An exploration of cultural variation in self-enhancing and self-improving motivations［J］. Nebraska Symposiam on Motivation, 2003, 49（11）: 101-128.

［84］Crary W. G. . Reactions to incongruent self-experiences［J］. J Consult Psychol, 1966, 30（03）: 246-252.

［85］Alicke M. D., Klotz M. L., Breitenbecher D. L., Yurak T. J., & Vredenburg D. S. . Personal contact, individuation, and the better-than-average effect［J］. Journal of Personality and Social Psychology, 1995, 68（05）: 804-825.

［86］Greenwald A. G., & Farnham S. D. . Using the implicit association test to measure self-esteem and self-concept［J］. Journal of Personality and Social Psychology, 2000, 79（06）: 1022-1038.

［87］Noel J. G., Wann D. L., & Branscombe N. R. . Peripheral ingroup membership status and public negativity toward outgroups［J］. Journal of Personality and Social Psychology, 1995, 68（01）: 127-37.

［88］Baumeister R. F., Smart L., & Boden J. M. . Relation of threatened egotism to violence and aggression: The dark side of high self-esteem［J］. Psychological Review, 1996, 103（01）: 5-33.

［89］Murray S. L., Holmes J. G., & Griffin, D. W.. The benefits of positive illusions ［J］. Journal of Personality and Social Psychology, 1996, 70（01）: 79-98.

［90］Steele C. M., Spencer S. J., & Lynch M.. Self-image resilience and dissonance: The role of affirmational resources ［J］. Journal of Personality and Social Psychology, 1993, 64（06）: 885.

［91］Rosenberg M., Schooler C., & Schoenbach C.. Self-esteem and adolescent problems: Modeling reciprocal effects ［J］. American Sociological Review, 1989, 54（06）: 1004-1018.

［92］Weisbuch M., Sinclair S. A., Skorinko J. L., & Eccleston C. P.. Self-esteem depends on the beholder: Effects of a subtle social value cue ［J］. Journal of Experimental Social Psychology, 2009, 45（01）: 143-148.

［93］Baumeister R. F., Smart L., & Boden J. M.. Relation of threatened egotism to violence and aggression: The dark side of high self-esteem ［J］. Psychological Review, 1996（103）: 5-33.

［94］Paulhus D. L.. Interpersonal and intrapsychic adaptiveness of trait self-enhancement: A mixed blessing? ［J］. J Pers Soc Psychol, 1998, 74（05）: 1197-1208.

［95］Wayment H. A., Taylor S. E., & Taylor S. E.. Self-evaluation processes: Motives, information use, and self-esteem ［J］. Journal of Personality, 1995, 63（04）: 729-757.

［96］McFarlin D. B., Baumeister R. F., & Blascovich J..

On knowing when to quit: Task failure, self-esteem, advice, and nonproductive persistence [J]. Journal of Personality, 1984 (52), 138–155.

[97] Diener E., & Diener M.. Cross-cultural correlates of life satisfaction and self-esteem [J]. Journal of Personality and Social Psychology, 1984 (68): 653–663.

[98] Hansford B. C., & Hattie J. A.. The relationship between self and achievement/performance measures [J]. Review of Educational Research, 1982, 52 (01): 123–142.

[99] Zeigler-Hill V., & Terry C.. Perfectionism and explicit self-esteem: The moderating role of implicit self-esteem [J]. Self and Identity, 2007, 6 (02–03): 137–153.

[100] Trzesniewski K. H., Donnellan M. B., Moffitt T. E., Robins R. W., Poulton R., & Caspi A.. Low self-esteem during adolescence predicts poor health, criminal behavior, and limited economic prospects during adulthood [J]. Developmental Psychology, 2006, 42 (02): 381–390.

[101] Donnellan M. B., Trzesniewski K. H., & Robins R. W., Moffitt T. E., Caspi A.. Low self-esteem is related to aggression, antisocial behavior, and delinquency [J]. Psychological Science, 2005, 16 (04): 328–335.

[102] Bajaj B., Robins R. W., & Pande N.. Mediating role of self-esteem on the relationship between mindfulness, anxiety, and depression

[J] . Personality and Individual Differences, 2016 (96) : 127–131.

[103] Orth U., Robins R. W., Meier L. L., & Conger R. D.. Refining the vulnerability model of low self–esteem and depression: Disentangling the effects of genuine self–esteem and narcissism [J] . Journal of Personality and Social Psychology, 2016, 110 (01) : 133–149.

[104] Erol R. Y., & Orth U. . Self–esteem development from age 14 to 30 years: A longitudinal study [J] . Journal of Personality and Social Psychology, 2011, 101 (03) : 607–619.

[105] Denissen J. J., Penke L., Schmitt D. P., & Van Aken M. A. . Self–esteem reactions to social interactions: Evidence for sociometer mechanisms across days, people, and nations [J] . Journal of Personality and Social Psychology, 2008, 95 (01) : 181–196.

[106] Rieger S., Göllner Richard Trautwein U., & Roberts B. W. . Low self–esteem prospectively predicts depression in the transition to young adulthood: A replication of Orth, Robins, and Roberts [J] . Journal of Personality and Social Psychology, 2016, 110 (01) : 16–22.

[107] Baroncohen S., Wheelwright S., & Jolliffe T. . Is there a "language of the eyes"? Evidence from normal adults, and adults with autism or asperger syndrome [J] . Visual Cognition, 1997, 4 (03) : 311–331.

[108] Richter A., & Ridout N. . Self–esteem moderates affective reactions to briefly presented emotional faces [J] . Journal of Research in

Personality, 2011, 45（03）：328–331.

［109］Li H., Zeigler–Hill V., Yang J., Jia L., Xiao X., & Luo J., Zhang, Q. L. . Low self–esteem and the neural basis of attentional bias for social rejection cues：Evidence from the N2pc Erp component［J］. Personality and Individual Differences, 2012, 53（08）：947–951.

［110］Dandeneau S. D., & Baldwin M. W. . The inhibition of socially rejecting information among people with high versus low self–esteem：The role of attentional bias and the effects of bias reduction training［J］. Journal of Social and Clinical Psychology, 2004, 23（04）：584–603.

［111］Gyurak A., & Ozlem Ayduk. Defensive physiological reactions to rejection：The effect of self–esteem and attentional control on startle responses［J］. Psychological Science, 2007, 18（10）：886–892.

［112］Colombel F., Gilet A. L., & Corson Y. . Implicit mood congruent memory bias in dysphoria：Automatic and strategic activation［J］. Cahiers De Psychologie Cognitive, 2004, 22（06）：607–634.

［113］Tafarodi R. W., Marshall T. C., &Milne A. B. . Self–esteem and memory［J］. Jounal of Personality and Social Psychology, 2003, 84（01）：29–45.

［114］Romero N., Sanchez A., & Vazquez C. . Memory biases in remitted depression：The role of negative cognitions at explicit and automatic processing levels［J］. Journal of Behavior Therapy and Experimental Psychiatry, 2014, 45（01）：128–135.

[115] Brown J. D. . Self-directed attention, self-esteem, and causal attributions for valenced outcomes [J] . Personality and Social Psychology Bulletin, 1998, 14 (02) : 252-263.

[116] Mccarrey M. . Impact of esteem-related feedback on mood, self-efficacy, and attribution of success: Self-enhancement/self-protection [J] . Current Psychology, 1984, 3 (04) : 25-31.

[117] Tesser A. . Twoard a self-evaluation maintenance model of social behavior [M] . Academic Press, 1988.

[118] Schmeichel B. J., Gailliot M. T., Filardo E. A., Mcgregor I., Gitter S., & Baumeister R. F. . Terror management theory and self-esteem revisited: The roles of implicit and explicit self-esteem in mortality salience effects [J] . J Pers Soc Psychol, 2009, 96 (05) : 1077-1087.

[119] Leary M. R., & Baumeister R. F. . The nature and function of self-esteem: Sociometer theory [J] . Advances in Experimental Social Psychology, 2000 (32) : 1-62.

[120] Leary M. R. . The function of self-esteem in terror management theory and sociometer theory: Comment on Pyszczynski [J] . Psychological Bulletin, 2004, 130 (03) : 478-482.

[121] Craik F. I. M. . In search of the self: A positron emission tomography study [J] . Psychological Science, 2010, 10 (01) : 26-34.

[122] Klein S. B., Rozendal K., & Cosmides L. . A social-cognitive neuroscience analysis of the self [J] . Social Cognition, 2002, 20 (02) :

105–135.

[123] Keenan J. P., Wheeler M. A., Gallup G. G., & Pascual-Leone A. . Self-recognition and the right prefrontal cortex [J] . Trends in Cognitive Sciences, 2000, 4 (09) : 338–344.

[124] Sugiura M., Kawashima R., Nakamura K., Okada K., Kato T., & Nakamura A., et al. Passive and active recognition of one's own face [J] . Neuroimage, 2000, 11 (01) : 36–48.

[125] Perrin F., Maquet P., Peigneux P., Ruby P., Degueldre C., & Balteau E., et al. Neural mechanisms involved in the detection of our first name: A combined ERPS and PET study [J] . Neuropsychologia, 2005, 43 (01) : 12.

[126] Guan L., Zhao Y., Wang Y., Chen Y., & Yang J. . Self-esteem modulates the P3 component in response to the self-face processing after priming with emotional faces [J] . Frontiers in Psychology, 2017 (08) : 1399.

[127] Yang J., Guan L., Dedovic K., Qi M., & Zhang Q. . The neural correlates of implicit self-relevant processing in low self-esteem: An ERP study [J] . Brain Research, 2012, 1471 (03) : 75–80.

[128] Kelley W. M., Macrae C. N., Wyland C. L., Caglar S., Inati S., & Heatherton T. F. . Finding the self? An event-related FMRI study [J] . Journal of Cognitive Neuroscience, 2002, 14 (05) : 785–794.

[129] Schmitz T. W., Kawahara-Baccus T. N., & Johnson S. C. .

Metacognitive evaluation, self-relevance, and the right prefrontal cortex [J]. Neuroimage, 2004, 22 (02): 941-947.

[130] Somerville L. H., Heatherton T. F., & Kelley W. M.. Anterior cingulate cortex responds differentially to expectancy violation and social rejection [J]. Nature Neuroscience, 2006, 9 (08): 1007-1008/1018.

[131] Pruessner J. C., Baldwin M. W., Dedovic K., Renwick R., Mahani N. K., & Lord C., et al. Self-esteem, locus of control, hippocampal volume, and cortisol regulation in young and old adulthood [J]. Neuroimage, 2005, 28 (04): 815-826.

[132] Somerville L. H., Kelley W. M., & Heatherton T. F.. Self-esteem modulates medial prefrontal cortical responses to evaluative social feedback [J]. Cerebral Cortex, 2010, 20 (12): 3005-3013.

[133] Wang Y. N.. Neurophysiological mechanism of self-esteem. [J]. Advances in Psychological Science, 2016, 24 (09): 1422.

[134] Dalgleish T., Walsh N. D., Mobbs D., Schweizer S., Harmelen A. L. V., & Dunn B., et al. Social pain and social gain in the adolescent brain: A common neural circuitry underlying both positive and negative social evaluation [J]. Scientific Reports, 2017, 7 (01-04): 42010.

[135] Van L. L., Gunther M. B., Za O. D. M., Rombouts S. A., Westenberg P. M., & Crone, E. A.. Adolescent risky decision-making: Neurocognitive development of reward and control regions [J].

Neuroimage, 2010, 51 (01): 345.

[136] Somerville L. H., Jones R. M., & Casey B. J.. A time of change: Behavioral and neural correlates of adolescent sensitivity to appetitive and aversive environmental cues [J]. Brain and Cognition, 2019, 72 (01): 124–133.

[137] Battiston F., Nicosia V., Chavez M., & Latora V.. Multilayer motif analysis of brain networks [J]. Chaos, 2017, 27 (04): 047404.

[138] Majerus S., Attout L., D'Argembeau A., Degueldre C., Fias W., & Maquet P., et al. Attention supports verbal short–term memory via competition between dorsal and ventral attention networks [J]. Cerebral cortex, 2012, 22 (05): 1086–1097.

[139] Hughes B. L., & Beer J. S.. Protecting the self: The effect of social–evaluative threat on neural representations of self [J]. Journal of Cognitive Neuroscience, 2013, 25 (04): 613–622.

[140] George M. S., Padberg F., Schlaepfer T. E., O'Reardon J. P., Fitzgerald P. B., & Nahas Z. H., et al. Controversy: Repetitive transcranial magnetic stimulation or transcranial direct current stimulation shows efficacy in treating psychiatric diseases (depression, mania, schizophrenia, obsessive–complusive disorder, panic, posttraumatic stress disorder) [J]. Brain Stimulation, 2008, 2 (01): 14–21.

[141] Apps M. A., Rushworth M. F., &Chang S. W.. The anterior cingulate gyrus and social cognition: Tracking the motivation of others [J].

Neuron，2016，90（04）：692-707.

［142］Hill M. R.，Boorman E. D.，& Fried I. . Observational learning computations in neurons of the human anterior cingulate cortex［J］. Nature Communications，2016，7（01）：12722.

［143］Garvert M. M.，Moutoussis M.，Kurth-Nelson Z.，Behrens T. E.，&Dolan R. J. . Learning-induced plasticity in medial prefrontal cortex predicts preference malleability［J］. Neuron，2015，85（02）：418-428.

［144］Wittmann M. K.，Kolling N.，Faber N. S.，Scholl J.，Nelissen N.，&Rushworth M. F. . Self-other mergence in the frontal cortex during cooperation and competition［J］. Neuron，2016，91（02）：482-493.

［145］Will G. J.，Rutledge R. B.，Moutoussis M.，& Dolan R. J. . Neural and computational processes underlying dynamic changes in self-esteem［J］. Elife，2017（06），1-21.

［146］Eliot，L. . The trouble with sex differences［J］. Neuron，2011，72（06）：895-898.

［147］Orth U.，Robins R. W.，& Widaman K. F. . Life-span development of self-esteem and its effects on important life outcomes［J］. Journal of Personality and Social Psychology，2012，102（06）：1271-1288.

［148］Trzesniewski K. H.，Donnellan M. B.，Moffitt T. E.，Robins R. W.，Poulton R.，& Caspi A. . Low self-esteem during adolescence predicts poor health，criminal behavior，and limited economic prospects during adulthood ［J］. Development Psychology，2006，42（02）：381-390.

［149］Vohs K. D., Voelz Z. R., Pettit J. W., Bardone A. M., Katz J., & Abramson L. Y., et al. Perfectionism, body dissatisfaction, and self-esteem: An interactive model of bulimic symptom development［J］. Journal of Social and Clinical Psychology, 2001, 20（04）: 476–497.

［150］Doron J., Thomas–Ollivier V., Vachon H., & Fortes–Bourbousson M. . Relationships between cognitive coping, self–esteem, anxiety and depression: A cluster–analysis approach［J］. Personality and Individual Differences, 2013, 55（05）: 515–520.

［151］Orth U., Robins R. W., & Roberts B. W. . Low self–esteem prospectively predicts depression in adolescence and young adulthood［J］. Journal of Personality and Social Psychology, 2008, 95（03）: 695–708.

［152］Ruggieri S., Bendixen M., Gabriel U., & Alsaker F. . Cyberball: The impact of ostracism on the well–being of early adolescents ［J］. Swiss Journal of Psychology, 2013, 72（02）: 4839–4841.

附录1

主要实验材料附件

附件1：外显自尊问卷

亲爱的同学：

您好！感谢您参加这次问卷调查。问卷包括两部分，第一部分是您的基本信息；第二部分是您对自己的一些感受。答案没有对错，请您按照自己的实际情况填写。谢谢合作！

回答问卷前请认真选择和填写您的基本信息，在符合情况的选项上打"√"，或按题目要求在横线处填写相关信息。

1.性别：（1）男（2）女

2.年龄：

3.学号：

以下题目每个题目的答案均有1、2、3、4四个等级。其中：1=完全不符合；2=不太符合；3=比较符合；4=非常符合。

题目	完全不符合	不太符合	比较符合	非常符合
1.我感到我是一个有价值的人，至少与其他人在同一水平上。	1	2	3	4
2.我感到我有许多好的品质。	1	2	3	4
3.归根结底，我倾向于认为自己是一个失败者。	1	2	3	4
4.我能像大多数人一样把事情做好。	1	2	3	4
5.我感到自己值得自豪的地方不多。	1	2	3	4
6.我对自己持肯定态度。	1	2	3	4
7.总的来说，我对自己是满意的。	1	2	3	4
8.我希望我能为自己赢得尊重。	1	2	3	4
9.我确实感到毫无用处。	1	2	3	4
10.我时常认为自己一无是处。	1	2	3	4

附件 2：内隐自尊测试词语

积极词：可爱、漂亮、有能力、聪明、伶俐、成功、有价值、爱抚、拥抱、高尚、健康、快乐、幸运、强壮、自豪、钻石、荣誉、黄金、和平、真理

消极词：讨厌、无能、卑鄙、愚蠢、丑陋、失败、罪恶、笨拙、谩骂、痛苦、尸体、死亡、呕吐、毒药、可恨、可耻、恶心、骚扰、残忍、杀人

自我词：我、我的、自己、自己的、俺、俺的、自个儿、自个儿的、本人

本人的非我词：他、他的、人家、人家的、别人、别人的、外人、外人的、他人、他人的

附件3：词语积极度测评材料举例

亲爱的同学：

您好！感谢您参加这次问卷调查。问卷主要考察您对下列词语的一些感受。答案没有对错，请您按照自己的实际情况填写。谢谢合作！

以下题目每个题目的答案均有1、2、3、4、5五个等级。其中：1代表弱唤醒，5代表强唤醒，数字越低代表词语情感信息越弱，数字越高代表词语情感信息越强。请您在最适合您的等级处画"√"。

快　乐

弱唤醒◄————————————————►强唤醒

1	2	3	4	5

附件4：词语情绪唤醒度测评材料举例

亲爱的同学：

您好！感谢您参加这次问卷调查。问卷主要考察您对下列词语的一些感受。答案没有对错，请您按照自己的实际情况填写。谢谢合作！

以下题目每个题目的答案均有1、2、3、4、5、6、7七个等级。其中：1代表消极，7代表积极，数字越高越积极，越低越消极。请您在最适合您的等级处画"√"。

快　乐

消极◄————————————————►积极

1	2	3	4	5	6	7

附件 5：正式实验用积极、消极词及词语评定呈现举例

积极词：

细心、睿智、直率、标致、蓬勃、坦然、充沛、自如、融洽、衷心、默契、稳重、高效、精干、淳朴、朴实、饱满、文雅、准时、爽快、无私、谦和、勤快、痛快、端庄、用功、宁静、仁慈、单纯、高贵、认真、宽厚、真实、坦诚、有利、清秀、温和、卓越、典雅、整洁、顽强、舒畅、诚心、爽朗、坚强、正直、公正、公平、俊秀、纯真、纯净、风趣、活泼、热心、进步、富裕、杰出、勤奋、勇敢、秀气、坦率、旺盛、廉洁、自豪、兴奋、安康、伟大、年轻、优秀、吉祥、永恒、博大、吉利、浪漫、诚实、圣洁、诚恳、高雅、亲密、舒适、精彩、聪慧、满意、优异、愉快、机智、崇高、聪明、欢喜、渊博、高尚、欢快、欢乐、乐观

消极词：

歹毒、卑贱、腐朽、下贱、晦气、奸诈、消极、怯懦、自私、虚伪、烦恼、凄凉、无能、可耻、不祥、低劣、卑劣、险恶、残忍、蛮横、暴躁、残酷、悲观、窝囊、凶狠、悲哀、嚣张、懒惰、累赘、粗俗、刻薄、郁闷、消沉、沮丧、颓丧、苦闷、呆滞、丑陋、惶恐、焦躁、愚蠢、粗鲁、穷苦、野蛮、贫寒、暗淡、鲁莽、草率、恍惚、轻佻、衰弱、偏执、枯燥、贫贱、糊涂、阴沉、僵硬、狡黠、惊恐、哀伤、寒酸、自负、轻率、疲乏、粗野、轻狂、糊涂、狠心、虚弱、呆板、紧张、焦急、松散、孤独、执拗

附件6：情景语句发生程度判断示例

亲爱的同学：

您好！感谢您参加这次问卷调查。问卷主要想让您判断下列事件是否经常在您的生活中发生。答案没有对错，请您按照自己的实际情况填写。谢谢合作！

以下题目每个题目的答案均有0、1、2、3、4五个等级。其中：0表示从不发生，2表示一般，4表示经常出现。请您在最适合您的等级处画"√"。

老师正在板书，突然回头看了一下。

从不发生 ←————————————————→ 经常出现

0	1	2	3	4

附件7：语句含糊情感语义信息判断示例

亲爱的同学：

您好！感谢您参加这次问卷调查。问卷主要想让您判断下面这句话表达的情感信息是否清晰。答案没有对错，请您按照自己的实际情况填写。谢谢合作！

以下题目每个题目的答案均有0、1、2、3、4五个等级。其中：0表示语义非常含糊，2表示一般，4表示语义非常清晰。请您在最适合您的等级处画"√"。

老师正在板书，突然回头看了一下。

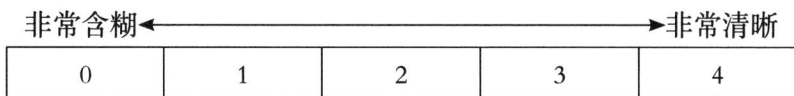

非常含糊 ←				→ 非常清晰
0	1	2	3	4

附件8：语句情感表达示例

亲爱的同学：

您好！感谢您参加这次问卷调查。问卷主要想让您判断，为了明确语句表达的情感信息，下面句子中的加粗词语可以被哪个词语替代。答案没有对错，请您按照自己的理解填写。每个句子后有两个词语，请根据该句要表达的情感信息，选择您认为最适合的替代词语，并在其上画"√"。

老师正在板书，突然回头**看了**一下。

A：瞪了　　B：笑了

附件9：正式实验材料举例

嫉妒　　　　在校园里，马路上迎面走来
F：褒义　J：贬义　一对情侣，我瞄了他们一眼

在校园里，马路上迎面走来
一对情侣，我（　）他们一眼
F：瞄了　J：瞪了

附件10：判断褒义、贬义形容词

珍贵、进步、富裕、杰出、勤奋、勇敢、秀气、坦率、芳香、旺盛、廉洁、自豪、壮丽、兴奋、安康、伟大、年轻、优秀、秀美、亲爱、吉祥、甘甜、永恒、博大、吉利、洁白、秀丽、浪漫、诚实、圣洁、诚恳、高雅、亲密、舒适、芬芳、精彩、聪慧、满意、优异、愉快、机智、优雅、崇高、聪明、欢喜、渊博、高尚、欢快、美好、欢乐

迷蒙、拥挤、沙哑、迷糊、瘦削、冷峻、稀疏、可怜、消瘦、惭愧、艰险、拘谨、艰辛、凝重、单独、单薄、利害、懒惰、哀愁、郁闷、虚假、凶悍、淫秽、荒谬、困倦、阴暗、无情、沮丧、苍凉、恼火、杂乱、愤懑、丑陋、猖狂、孤单、干枯、窘迫、落后、自卑、惆怅、懒散、苛刻、焦躁、愚蠢、粗鲁、疲倦、疲惫、苍白、惊惶、放肆

附件11：情景语句举例

1.在校园里，马路上迎面走来一对情侣，我瞄了他们一眼

2.在教室里，我在写作业时被走廊路过的同学看到了

3.在宿舍午睡时，室友喊了一声把我叫醒了

4.走在路上时，身后有两位同学在谈论我的着装

5.在食堂里，我打了三个菜，阿姨瞟了我一眼

6.学生会部长找我做事，他却挑出了很多问题

7.同学对我说，班主任请我到他办公室去一下

8.推开教室的门，老师看着我

9.在我散步时，一只狗朝我叫了几声

10.老师上课时突然瞪了我一眼

11.我穿了一身新衣服，同学向我笑了一下

12.学生会人员查寝后，嘲笑着离开了

13.在体育课上，同学把排球抛向远方

14.课堂上，我和同学在说话，老师对我笑了一下

15.今天是我的生日，同学送给我一个惊喜

16.在淘宝上买了件中看的衣服

17.周末一大早，室友把我喊醒

18.和一个认识的人打招呼，他没看我

19.同学们看到我写的字不禁发出哀叹

20.在饭店碰到了老师，我赶紧向老师打招呼

附件 12：情景访谈提纲（一）

亲爱的同学：

您好！感谢您参加这次访谈。请您结合自己在校的生活事件，尽可能多地写出一些描述生活中事件的句子，每句话尽量简短。每句话要重点考虑两方面的信息：第一，要包含积极或消极的信息；第二，

要包含社交或非社交的情景。例如：积极社交事件（今天我穿了一件新衣服，朋友们都说我很好看）、积极非社交事件（我听着音乐笑了起来）、消极社交事件（我参与团体活动时，大家都很不开心）、消极非社交事件（我在默默地流泪）。照样子写句子，您的回答无对错之分，仅供研究需要。谢谢您的合作！

1._____。

2._____。

3._____。

4._____。

5._____。

6._____。

…………

附件 13：情景访谈提纲（二）

教研组各位心理学老师：

您好！感谢您参加本次实验材料的评估和编排。首先，请您对以下句子进行两个维度的评估，第一，判断该句子描述的是积极事件还是消极事件。每个事件均有1、2、3、4、5五个等级。其中：1表示消极事件，5表示积极事件。第二，判断该句子描述的是社交事件还是非社交事件。每个事件均有1、2、3、4、5五个等级。其中：1表示非社交事件，5表示社交事件。请您在您认为最适合的等级处画"√"。

其次，您要对每个事件进行两个方面的归因解释：一个是自我服务归因，另一个是非自我服务归因。例如：我在模拟试讲，同学们突然笑了起来。自我服务归因是同学们认为我讲得好；非自我服务归因是同学们在嘲笑我。参照例子对每句话进行归因。您的回答无对错之分，仅供研究需要。谢谢您的合作！

我在模拟试讲，同学们突然笑了起来。

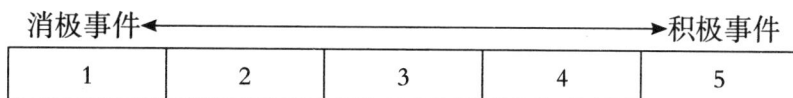

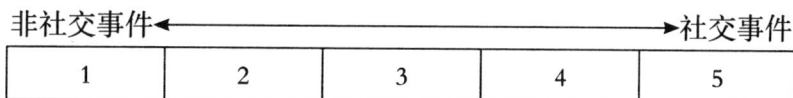

消极事件◄──────────────────►积极事件

1	2	3	4	5

我在模拟试讲，同学们突然笑了起来。

非社交事件◄──────────────────►社交事件

1	2	3	4	5

我在模拟试讲，同学们突然笑了起来。

1.自我服务偏向解释：＿＿＿＿＿＿＿＿＿＿＿＿＿＿＿。

2.非自我服务偏向解释：＿＿＿＿＿＿＿＿＿＿＿＿＿。

附件 14：延时自我服务偏向正式实验用材料

1.今天下课时你的快递到了，同学刚好也要去拿快递，你就让他给你带回来，你不去拿快递，这是为什么？

F：同学之间关系好，你不用去拿快递了。

J：你已经懒到连自己的快递都不愿意拿了。

2.晚上你照镜子的时候发现自己变漂亮了，这是为什么？

F：最近不熬夜，皮肤变好了，确实比之前漂亮了。

J：刚洗完澡，脑子"进水"了。

3.你的室友最近很开心，还给你们带回了各种各样的小玩具，这是为什么？

F：人逢喜事精神爽。

J：摔了一跤撞坏了脑子。

4.最近，一向大手大脚的小红变得十分节俭，这是为什么？

F："双十一"买了很多自己喜欢的东西，所以没钱了。

J：家中出了事，所以没有了经济来源。

5.你和你最好的朋友吵架了，你想去道歉，去找他他却不在，这是为什么？

F：他可能刚好有事情出去了。

J：他在躲着你。

6.你发现你最近掉头发很严重，这是为什么？

F：普通的换季掉发。

J：可能得了自己不知道的病。

7.刚回到家的哥哥在和母亲聊家常，母亲突然站起来出门了，这是为什么？

F：母亲发现还有事情没做，去做事情了。

J：母亲认为哥哥说得太无聊了，不想听。

8.妹妹走着走着，突然蹲下了，这是为什么？

F：有东西掉了，她在捡。

J：她肚子疼，捂住了肚子。

9.你去朋友的寝室里玩，他的室友都不说话，这是为什么？

F：都在玩手机。

J：他们不欢迎你。

10.你躲在被子里哭，这是为什么？

F：你被电影感动了。

J：你被欺负了。

11.你的水杯被同学不小心打碎了，同学快速跑了，这是为什么？

F：给你买新的水杯。

J：逃走了。

12.你在操场上一圈一圈地跑步，这是为什么？

F：你在锻炼身体。

J：你在发泄情绪。

13.同桌下课去上厕所，你上课的时候偷偷拿了他的纸，一会他给你打了很多通电话，这是为什么？

F：他发现忘拿纸了，找你给他送。

J：察觉到是你偷拿了他的纸，他很生气。

14.你今天吃正常饭量的饭还是很饿，这是为什么？

F：你今天太累了。

J：你的胃病犯了。

15.室友每天都跟好闺蜜打电话，今天没有打，这是为什么？

F：闺蜜正忙着。

J：她们俩吵架了。

16.她以前每天都去跳舞，今天没去，这是为什么？

F：她今天太累了。

J：她跳舞遇到了挫折。

17.你去好朋友家里玩，但没过多久他便让你回家等下次再约，这是为什么？

F：他现在有点急事。

J：他和你在一起很压抑，不想和你玩。

18.你感到头很晕，这是为什么？

F：你蹲在地上然后起来得太快了。

J：你身体不适感冒了。

19.寒假的时候同学特别着急地问朋友借了一千块钱，这是为什么？

F：他买东西没钱，着急付款。

J：他被人骗了。

20.有段时间，小明感觉自己很累，这是为什么？

F：最近跳舞跳得。

J：他身体不舒服。

21.考完试后的一天，老师把你叫到他的办公室里，这是为什么？

F：你的卷面成绩很好，老师要表扬你。

J：你的成绩一塌糊涂，老师要批评你。

22.你的手机突然黑了屏，这是为什么？

F：手机没电了。

J：手机坏了。

23.上课时，小明起来回答问题，老师让他再说一遍，这是为什么？

F：小明的回答很精彩，让同学们再听一遍。

J：回答有误，再说一遍，更好地体现出回答中的问题。

24.小红看电影哭了，这是为什么？

F：被电影感动了。

J：被电影里的一些情节气哭了。

25.你的考试结果出来了，你去办公室询问老师考试结果，老师看了你一眼继续做着自己的事情，这是为什么？

F：老师非常忙。

J：你没有考好。

26.你今天一直咳嗽，这是为什么？

F：今天空气中有灰尘。

J：你生病了。

27.室友看完电影回来之后，眼角挂着泪水，这是为什么？

F：电影太感人了。

J：被人欺负了。

28.室友的钱找不到了，这是为什么？

F：忘记放在哪里了。

J：被人偷了。

29.你和朋友们一起去吃饭，走到半路他们走了，这是为什么？

F：他们去买饮料了。

J：他们不想和你一起走。

30.你的衣服后背有墨水，这是为什么？

F：自己不小心弄的。

J：你同桌故意画的。

31.小佳和朋友一起出去玩，回家后她突然哭了，这是为什么？

F：她想家了。

J：她家里出事了。

32.小明没有来做早操，这是为什么？

F：他睡过头了。

J：他身体不舒服。

33.在你生日那一天即将过去的时候，你的朋友没有给你提起关于生日的任何事情，甚至没有说生日快乐，这是为什么？

F：他想给你一个惊喜。

J：他对你不重视，忘记了你的生日。

34.你因为腿受伤住院期间，腿部突然有点不舒服，这是为什么？

F：腿伤正在愈合，即将痊愈。

J：伤更加严重了。

35.她刚搬到新宿舍，舍友们都没跟她打招呼，这是为什么？

F：因为彼此都不熟悉，大家不知道怎么开口。

J：新舍友们不喜欢她。

36.他突然牙齿有点不舒服，这是为什么？

F：刚刚吃了梅子酸到了。

J：有了蛀牙。

37.老师训练你跑步，你跑完后老师走了过来，这是为什么？

F：老师夸奖你跑得不错。

J：老师责骂你退步了。

38.你一个人在小河边散步，这是为什么？

F：天气晴朗，出去透透气。

J：心情烦闷，出来散散心。

39.小圆去国外求学，这是为什么？

F：追逐梦想，变成更好的自己。

J：厌烦了国内的生活，去寻找新的环境。

40.小圆在台上演讲，台下乱哄哄的，这是为什么？

F：观众被她的才华所折服，从而发出赞叹。

J：观众认为讲得不好，从而讽刺她。

41.你收到了朋友的邀请去高档餐厅聚餐，聚完餐他却让你付钱，这是为什么？

F：朋友可能暂时没有钱，等有钱了会把钱转给你。

J：朋友请你去聚餐只是为了占你的便宜。

42.你在一条人烟稀少的路上骑车，突然一个交警面色凝重地走过来拦住了你，这是为什么？

F：交警想要告诉你，此路不通。

J：你违反了交通法规。

43.妹妹在路上遇到了一个腿脚不好的老奶奶，老奶奶请求妹妹将她送到一个地方，这是为什么？

F：老奶奶腿脚不便而且迷路了，还无法联系到家人，路上的行人匆匆而过，她只能求助一个小姑娘。

J：老奶奶是拐卖人口的人贩子。

44.妈妈在家里打扫卫生时，突然发现家里藏着一个精致的礼品盒，里面装着一瓶昂贵的女士香水，这是为什么？

F：礼品盒是家人精心为自己准备的惊喜。

J：礼品盒是家人为别人准备的，不想让自己知道。

45.你关注的人踩你的空间，这是为什么？

F：他也关注了我。

J：他可能只是点错了。

46.你今天不想吃饭，这是为什么？

F：你在减肥。

J：你的健康出现了问题。

47.舍友星期天和我打了很长时间的游戏，他的妈妈告诉他"没事你玩吧"，这是为什么？

F：学习压力大，玩会儿放松一下。

J：讽刺的气话。

48.室友吃过饭之后很难受，这是为什么？

F：吃得太饱了。

J：身体出现了问题。

49.你和朋友正围绕一个问题发表不同的意见，他突然不说话了，这是为什么？

F：他认为我说得有道理，陷入了沉思。

J：他认为我的观点不可理喻，不想说话。

50.你正在上课，突然一阵腹痛，这是为什么？

F：水喝多了，想去卫生间。

J：生病了，需要去医院。

51.舍友去超市，想询问一件商品的价格，旁边的售货员却不理他，这是为什么？

F：售货员没听见。

J：售货员不想理睬舍友。

52.舍友跑步时摔倒了，这是为什么？

F：他绊到石头了。

J：他生病了。

附件 15：难易度判断示例

亲爱的同学：

您好！感谢您参加这次问卷调查。问卷主要想让您判断这些算式的难易程度，请您按照自己的感受如实填写。谢谢合作！

以下题目每个题目的答案均有0、1、2、3、4五个等级。其中：0表示极易，2表示一般，4表示极难。请您在您认为最适合的等级处画"√"。

$$4.58 \times 0.74$$

极易 ←————————————————→ 极难

0	1	2	3	4

附件16：实验用算式材料示例

较难算式10以上：4.88×2.05 3.62×2.77

较易算式10以上：8.28×2.82 5.26×3.32

较难算式10以下：4.87×2.03 2.69×3.69

较易算式10以下：2.36×1.52 2.36×1.52

附件17：外显自我服务偏向考察材料示例

你是否怀疑实验的真实性？　　与200组被试比较，你们比95%的被试做得好，

　　1：怀疑　　　　2：不怀疑　　　　　　　　你们真棒！

附件18：词语情绪唤醒度测评材料举例

亲爱的同学：

　　您好！感谢您参加这次问卷调查。问卷主要考察您对下列词语的一些感受。答案没有对错，请您按照自己的实际情况填写。谢谢合作！

　　以下题目每个题目的答案均有1、2、3、4、5、6、7七个等级。其中：1代表弱唤醒，7代表强唤醒，数字越低代表词语情感信息越弱，数字越高代表词语情感信息越强。请您在您认为最适合的等级处画"√"。

惩　罚

弱唤醒◄──────────────────────────────────►强唤醒

1	2	3	4	5	6	7

附件19：词语积极测评材料举例

亲爱的同学：

　　您好！感谢您参加这次问卷调查。问卷主要考察您对下列词语的一些感受。答案没有对错，请您按照自己的实际情况填写。谢谢合作！

以下题目每个题目的答案均有1、2、3、4、5、6、7七个等级。其中：1代表消极，7代表积极，数字越高越积极，越低越消极。请您在您认为最适合的等级处画"√"。

惩　罚

消极 ←————————————————————→ 积极

1	2	3	4	5	6	7

附件20：词语熟悉度测评材料举例

亲爱的同学：

您好！感谢您参加这次问卷调查。问卷主要考察您对下列词语的一些感受。答案没有对错，请您按照自己的实际情况填写。谢谢合作！

以下题目每个题目的答案均有1、2、3、4、5、6、7七个等级。其中：1代表非常不熟悉，7代表非常熟悉，数字越高越熟悉，越低越不熟悉。请您在您认为最适合的等级处画"√"。

惩　罚

非常不熟悉 ←————————————————————→ 非常熟悉

1	2	3	4	5	6	7

附件21：自尊启动实验材料举例

1.粮食　辛辛苦苦　我们　农民　种出来的　要　伯伯　爱惜

2.生活　的　企鹅　南极　在　冰天雪地

3.藏着　小房间里　可爱的　妞妞　小企鹅

4.穿梭　告诉　春天　的　燕子　我们　来了

5.鱼儿　的　河里　摇动　尾巴　着

6.发现　落叶　的　是　我　语言　大自然

7.学校　美丽的　我们的　一座　像　花园

8.树上　叫　麻雀　在　一只

9.开满了　公园里　美丽的　小花

10.小草　小河边　弯弯的　长满了　青青的

11.小孩　有个　名字　叫　的　马良　古时候

12.小鸡　草丛里　虫子　捉

13.捉迷藏　小朋友　花园里　在　一群

14.看见　小明　鱼儿　在　游来游去　水底

15.早上　妈妈　今天　我　带　动物园　去

16.非常　电视　我　看　喜欢

17.可爱的　我家　个　有　妹妹

18.带着　羊妈妈　菜园　到　收菜　小羊　去

19.什么　尾巴　松鼠　呢　用　有　的

20.高得多　他的　弟弟　比　我

21.美丽　公园　花　里　有　的　许多

22.公鸡　这　吗　羽毛　的　只　美丽

23.银河　夏日的　闪闪　夜空　有　的　条

24.花丛 唱着 中 歌 蜜蜂 在

25.首都 祖国 是 的 北京

26.一车 送给 老山羊 把 小白兔 白菜

27.奶奶 妈妈 晒棉被 在给

28.这会儿 鸟妈妈 一定 焦急不安

29.高高兴兴 松鼠 地 走进 大森林

30.堆积 小路上 了 垃圾 许多

31.花 里 的 极 了 好看 公园

32.唱歌 枝头 高兴 小鸟 地 在

33.树叶 上 长了 许多 小虫子

34.小军 报纸 常常 李奶奶 取 帮助

35.作业 教室里 小红 在 做 认真地

36.好看 朵 这多 花

37.东方 从 升 了 太阳 起来

38.尾巴 小松鼠 长长 长着 一条

39.在果园里 阿姨 苹果 摘 秋天

40.做游戏 小朋友 操场上 快乐地 在

41.一箱 送给 奶奶 把 早上 爸爸 草莓 新鲜的

42.花朵 天黑了 夜来香 张开了 美丽的

43.出来了 开了 太阳 牵牛花 漂亮的 火红的

44.一条 长出了 啦 新尾巴 终于 小壁虎

45.提了个 你 为什么 问题 叔叔 错误的

46.夜空中　星星　晚上　珍珠　满天的　像　无数　撒在

47.诸葛亮　架人桥　士兵　江里　让　站在　三国时

48.有十来枝　真美　湖里　荷花　亭亭玉立的　啊

49.今天　的　好天气　多么　呀

50.小明　关心　同学　非常

51.花　公园　开得　里　的　美丽　很

52.排球　叔叔　打　爱

53.浇浇　你　多　给　要　水　花儿

54.这支　爷爷　送给　铅笔　我　是的

55.看见　你　王老师　了　吗

56.妈妈　姐姐　帮助　常常　干活

57.是　的　真　学习　好　爱　他　孩子　个

58.刻苦　应该　你　练功　也

59.学校　我们　美丽　真的

60.认真　小英　学习　都　和　小红　非常

61.听见　哥哥　他　人　有　叫

62.出来　怎么　你　呀　今天　有空

63.的　太阳　从　刚刚　火红　升起　东方

64.小朋友　早上　上学　高高兴兴　去

65.在　小鸟　天上　飞翔　自由　地

66.上学　早上　和　我　一起　好朋友

67.高高兴兴　地　去　同学们　植树

68.我　家　一只　有　小猫　可爱的

69.公园　里　美丽　花儿　的　多么　啊

70.水里　金鱼　在　游来游去

71.说话　小燕子　正在　小白兔　跟

72.有　前面　草地　青青　一片　的　我家

73.吃草　羊儿　上　山坡　在

74.花　给　常常　小红　浇水

75.我们　跑步　在　校园　里

76.燕子　快要　飞得　很低下　雨了

77.常　绿树　人们　称作　老松树　把

78.英勇的　大门　守卫着　日夜　祖国的　解放军战士

79.爸爸　上班　自行车　骑着　去

80.小山泉　都　人们　的　需要　生活

附录 2

实验设计实例

实验设计实例一：社会威胁情境下低自尊对青少年注意偏向的影响

1.实验目的

检验社会威胁情境下高、低自尊青少年注意偏向的差异，重点考察低自尊青少年在社会威胁情境下注意偏向的特征。

2.被试

根据被试自愿原则，通过招募，选取500名青少年，采用青少年自尊量表，根据统计标准前后27%的原则，从中选取30名低自尊、30名高自尊青少年（男女各半），年龄在12至18岁，所有被试视力正常或者矫正视力正常，均为右利手，实验结束后给予一定报酬。

3.实验材料

研究采用2×2实验设计，其中自变量1为两种图片信息，分别为正性图片（积极情绪）和负性图片（消极情绪）；自变量2为，高自尊和低自尊。拒绝情景采用抛球游戏（Cyberball）程序进行。从中国面孔表情图片系统中选取同性别积极情绪图片各30张。运用Photoshop软件对图片进行处理，使所有刺激图片在分辨率、色彩、大小上保持同质，另外随机在每个trail里进行图片组合。

4.实验仪器

实验程序由E-Prime3.0编制，实验材料用17英寸、刷新率为85Hz的显示器呈现。

5.实验程序

实验整体上分为两大部分。首先，被试同其他两个假定的在线同伴完成一个简单的抛球游戏，实质上他们是电脑设定的竞争对手。一开始被试会与游戏同伴获得同样的传球机会，随后两名同伴突然表现出对被试的排斥，不再传球给被试。其次，采用点探测任务对被试的注意偏向进行研究。在行为实验室中，被试坐在计算机正前方，眼睛与屏幕的距离大约为75cm。在实验开始前，告知被试随后的实验分为两个阶段，第一阶段为练习实验阶段，第二阶段为正式实验阶段，两阶段开始之前都有相应的指导语。

设置练习实验阶段的目的在于让被试熟悉整个实验流程。在练习实验阶段结束之后，询问被试是否明白实验过程，是则进入正式实验，否则继续练习。练习中的面孔材料均采用中性图片材料，练习共有10个trail。

在注意偏向部分正式实验中，共有3个block，每个block里包含60个trail。对于每一个trail，被试看到"*"判断任务出现后，按鼠标左键或按鼠标右键。

每个trial的具体流程：首先是500ms的带"+"白色注视点；紧接着

在屏幕上呈现一组同性别的面孔图片，其中一张为正性图片，一张为负性图片，呈现时间为500ms；随后会在屏幕上刚才两张图片的位置处出现一个"*"标志，如果"*"出现在左边图片的位置按鼠标左键，"*"出现在右边图片的位置按鼠标右键，呈现时间为3000ms。如果被试未做出反应，3000ms过后直接跳到间隔空屏界面，随后进行下一个trail。

6.数据收集与处理

行为数据：使用SPSS21.0统计软件，对不同水平自尊的反应时和正确率进行统计分析，并剔除无效数据，重点分析低自尊青少年的注意偏向特征。

实验设计实例二：青少年低自尊对社会拒绝情境认知调节的神经机制

1.实验目的

检验青少年高、低自尊对社会拒绝线索的认知调节机制在脑电上的差异，重点通过脑电技术探索低自尊对社会拒绝信息认知调节时的早期成分的表现特征。

2.被试

根据被试自愿原则，通过招募，选取500名青少年，采用青少年自尊量表，根据统计标准前后27%的原则，从中选取30名低自尊、30名高自尊青少年（男女各半），年龄在12至18岁，所有被试视力正常或者矫正视力正常，均为右利手，实验结束后给予一定报酬。

3.实验材料

研究采用3×2实验设计，其中自变量1为图片类型，分别为高兴、中性和厌恶；自变量2为，高自尊和低自尊。从中国面孔表情图片系统中选取12张三类（高兴、中性、厌恶）不同表情的图片作为实验材料，其中男女各半。将高兴的图片作为表达接受信息的图片，将厌恶的图片作为表达拒绝信息的图片，在实验前对三类图片进行Likert7级评估，1表示接受，7表示拒绝，并将三类表情做方差检验，确保每类图片的效度，将这些图片作为社会评价线索图片刺激。运用Photoshop软件对图片进行处理，使所有刺激图片在分辨率、色彩、大小上保持同质。另外，使目标图片符合注意转换任务需要，在图片边框的上、下、左、右四个不同的位置随机添加字母"F"和"J"，并保证每个字母在每个位置出现的概率相同。

4.实验仪器

实验程序由E-Prime3.0编制，实验材料用17英寸、刷新率为85Hz的显示器呈现。脑电数据由64导脑电仪（BP公司）收集。64个电极与头皮接触电阻保持在5KΩ以下，在双眼外侧、上下各安置一个电极，用来记录水平眼电（HEOG）和垂直眼电（VEOG）。带通滤波范围为0.1—100Hz，采样频率为500Hz。

5.实验程序

实验程序采用注意转换任务范式，整个实验分为练习和正式实验两个阶段。在专业脑电实验室中，被试坐在计算机正前方，眼睛到屏幕的距离大约为75cm。在实验开始前，不告知被试任何实验目的。实验的两个阶段，所有的操作都根据屏幕上指导语的提示进行。两个阶段开始之前都有相应的指导语。

设置练习阶段的目的在于让被试熟悉整个实验的流程。在练习阶段结束后，询问被试是否明白实验过程，是则进入正式实验，否则继续练习。练习中的实验材料不用于正式实验。练习共有12个trail，被试通过练习熟悉实验程序后，进入正式实验。

在正式实验阶段中，共4个block，每个block里包含32个trail。对于每一个trail，被试的任务是先观看社会评估线索（提前筛选好三种表情图片——接受、中性和拒绝），然后呈现目标刺激，被试在社会评估线索下对刚刚所注意到的目标刺激进行反应，分别反应看到的是"F"还是"J"。

每个trial的具体流程：首先是1000ms的带"+"白色注视点；紧接着呈现一张社会评估线索图片，呈现时间为600ms；随后呈现目标刺激即经软件修改过后的带"F"或"J"的图片，呈现时间为50ms；之后再次呈现社会评估线索图片，呈现时间为1200ms，并要求被试尽快对"F"或"J"做出反应；最后500ms为空屏刺激，作为trail间隔。

6.数据收集与处理

行为数据：使用SPSS21.0统计软件，对被试的平均反应时和正确率分别进行t检验。

脑电数据：完成连续记录脑电后离线（off-line）处理数据。将连续记录的原始脑电数据进行30Hz的低通滤波，然后以目标刺激呈现前200ms和后1000ms为标准进行分段，在去除包含眼动等伪迹的数据段后，把相同条件下的数据段进行平均处理，再进行基线校正和全脑平均。

实验设计实例三：自尊启动对青少年低自尊认知神经机制的影响

1.实验目的

考察不同水平自尊的青少年自尊启动在认知表现方面的差异，并通过脑电技术考察低自尊青少年启动前后认知机制的表现差异。

2.被试

在实验一调查的被试中，根据统计标准前后27%的原则，选取其中30名低自尊、30名高自尊青少年（男女各半），年龄在12至18岁，所有被试视力正常或者矫正视力正常，均为右利手，实验结束后给予一定报酬。

3.实验材料

研究采用2×3实验设计，其中被试间因素为高自尊和低自尊，被试内因素为启动类型，分别为高自尊启动、低自尊启动和一般启动。实验材料为，在电脑屏幕上呈现6个词语，6个词语中有人格相关积极词（高自尊启动），"学生、灵敏的、你、一个、是、铅笔"；有人格相关消极词（低自尊启动），"欢迎、不、愚蠢的、一个、学生、这里"；有人格无关一般词（一般启动），"有色的、头发、棕色、购买、她是"。运用其中的5个或6个词语判断是否能组成语法结构完整的句子，如果可以点击鼠标左键，如果不可以点击鼠标右键。每个类型共8张图片，每个类型单独呈现，作为自尊启动材料。认知表现采用2-back记忆任务，运用Oddball范式，一般n-back出现概率70%，2-back出现概率30%。为了掩饰两个任务之间的关系，告诉被试在言语和记忆两种任务之间进行切换的原因是防止被试疲劳。被试对实验目的单盲，实验结束后调查被试对实验目的的理解。运用Photoshop软件对图片进行处理，使所有刺激图片在分辨率、色彩、大小上保持同质，背景为黑色，词语为白色。

4.实验仪器

实验程序由E-Prime3.0编制，实验材料用17英寸、刷新率为85Hz的显示器呈现。脑电数据由64导脑电仪（BP公司）收集。64个电极与头皮接触电阻保持在5KΩ以下，在双眼外侧、上下各安置一个电极，用来记录水平眼电（HEOG）和垂直眼电（VEOG）。带通滤波范围为0.1-100Hz，采样频率为500Hz。

5.实验程序

总共有3个序列。一个序列里，先呈现8个句子，再呈现3个block的记忆任务，每个序列重复3次。

整个实验分为练习和正式实验两个阶段，每个序列包括两个部分。在专业脑电实验室中，被试坐在计算机正前方，眼睛到屏幕的距离大约为75cm。在实验开始前，不告知被试任何实验目的。该实验的两个阶段，所有的操作都根据屏幕上指导语的提示进行。实验内容包括完成一个错乱词语的句子构造和一个工作记忆作为启动任务。

设置练习阶段的目的在于让被试熟悉整个实验的流程。在练习阶段结束后，询问被试是否明白实验过程，否则继续练习。实验前，被试在单独的房间内练习任务，练习用的启动材料中的词语均是中立词。练习中的实验材料不用于正式实验。练习共有5个trail，被试通过练习熟悉实验程序后，休息5分钟进入正式实验。

在正式实验阶段中，共3个序列，分别是3类启动，每个序列里共3个block记忆任务，每个block里包含18个字母。刺激任务呈现后，被试会在屏幕上看到6个随机排列的词语，并判断这些词语是否能组成一个符合语法结构的句子，如果"是"点击鼠标左键，如果"否"点击鼠标右键。随后，短时记忆采用字母n-back任务，每个字母被试都按键，如果一个字母随后的第二个字母出现刚才那个字母就按"是"，其他所有字母按"否"，回答"是"用鼠标左键，回答"否"用鼠标右键。一个记忆任务block中包含18个字母，每个字母呈现500ms，采用Oddball范式，每个block里30%的字母需回答"是"，70%的字母需回答"否"。刺激之间的时间间隔为300ms。

每个序列的具体流程：首先是500ms的带"+"白色注视点；紧接着呈现6个打乱的词语，呈现时间为5000ms；并要求被试尽快准确判断这些词语是否能组成一个符合语法结构的句子；然后呈现500ms间隔，随后进行下一个启动任务。

流程图如下：

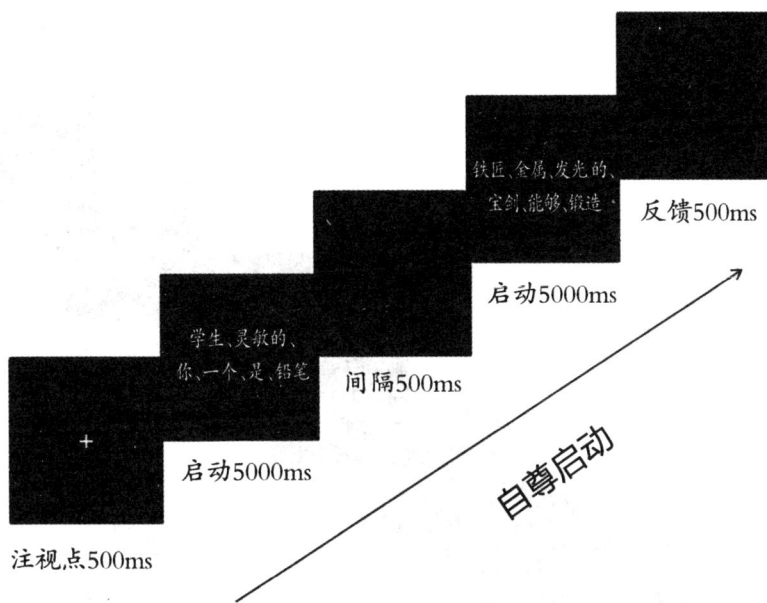

学生、灵敏的、
你、一个、是、铅笔

注视点500ms
启动5000ms
间隔500ms

铁匠、金属、发光的、
宝剑、能够、锻造

启动5000ms
反馈500ms

自尊启动

自尊启动实验演示流程图

所有启动任务完成后，2-back任务每个block连续呈现18张字母图片，每张图片呈现时间是500ms，图片之间间隔300ms。当出现2-back任务时被试进行"是"按键反应，其他字母出现被试进行"否"按键反应；如果"是"点击鼠标左键，如果"否"点击鼠标右键。

流程图如下：

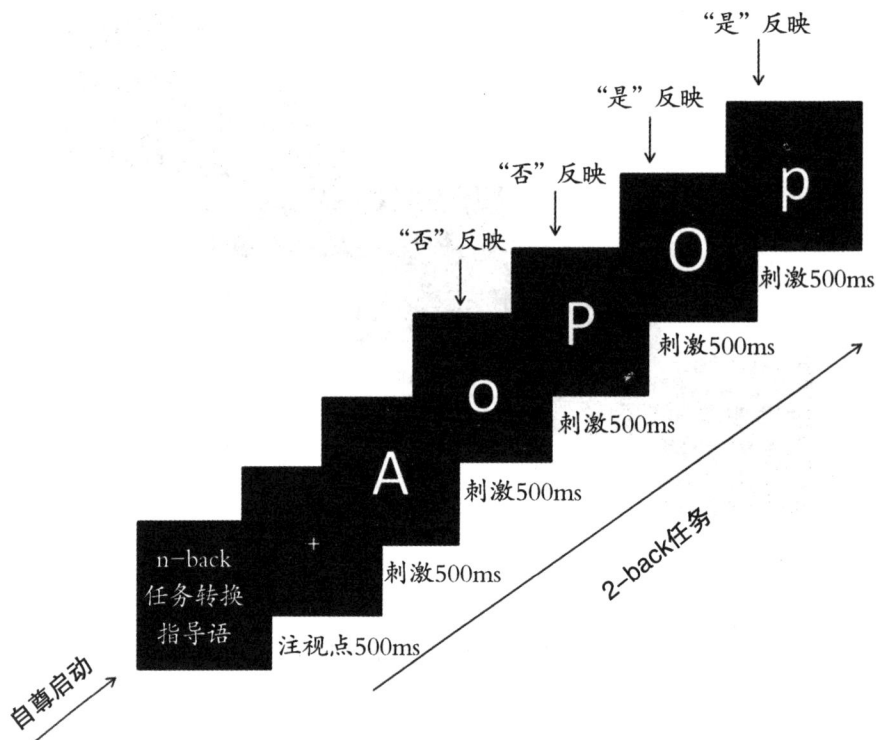

2-back任务实验演示流程图

6.数据收集与处理

行为数据：使用SPSS21.0统计软件，对被试的正确和错误率进行分析。

脑电数据：完成连续记录脑电后离线（off-line）处理数据。将连续记录的原始脑电数据进行30Hz的低通滤波，然后以任务刺激呈现前100ms和后1000ms为标准进行分段，在去除包含眼动等伪迹的数据段后，把相同条件下的数据段进行平均处理，再进行基线校正和全脑平均。

后 记

　　岁月不居，时节如流。时光还是将《青少年自尊保护机制研究》一书推向付稿之际。感知错综复杂，记忆历历在目，情感五味杂陈，有点轻松愉悦，也有点紧张焦虑。轻松愉悦是对长时间研究整理艰辛的释怀，紧张焦虑是因为恐蒙内容浅显难登大雅之堂。这些感受我一时难以抹去，在精神产品孕育和诞生过程中，曾经付出的努力和情感越多，这些感受就越深。

　　持之以恒，钩深致远。本书的完成是对前几年研究的一个小结，更是我对青少年教育人格研究的一个起点，特别是在青少年自尊相关问题的探讨和研究过程中，我觉得需要深化研究的问题还有很多。自尊建立在自信的基础上，来自身体、文化、评价等诸多方面，有许多本土化问题需要进一步探讨，青少年的自尊问题更是如此。习近平总书记指出，"青年是整个社会力量中最积极、最有生气的力量，国家的希望在青年，民族的未来在青年"，塑造新时代青少年健全人格，还有许多工作要做，不仅是研究者更是教育者需要思考的问题。

　　贵人相助，事半功倍。此书撰稿和出版过程中得到了许多人员的支持。特别是我的博士和硕士两位导师的再三鼓励，单位几任领导和部分好友的支持，出版社编辑们前前后后两年审校，列出和未列出引文作者的智慧启迪，是你们给予了我无限的动力和信心。由于人数众多，我就不在此一一列出各位的姓名。在此，我深深地表达对你们最真诚的谢意。

敝帚自珍，顺遂无虞。虽然此书撰稿和出版过程中遇到了一些困难和挫折，但回头看来恍然能领悟到伟人"更喜岷山千里雪，三军过后尽开颜"的革命乐观主义精神。作为安徽省高校自然科学重点研究项目"不同类型自尊青少年攻击性行为发生机制研究"（编号：2024AH051838）的成果之一，同时得到了学校高层次人才科研启动经费的支持，这让本书不至于成为无本之木。科学研究的路永无止境，本书集百家之智慧，提出的一些思路和想法，权当抛砖引玉，希望对读者有所裨益。在本书的撰写过程中，得到了师者们的一再指导。本书作为个人成长之道的一个脚印，也自当珍惜。虽以高度责任之心，重读再重读，修正再修正，但恐难还有缺漏，还望读者海涵。

曹杏田

2024 年 9 月于六尺巷

图书在版编目（CIP）数据

青少年自尊保护机制研究 / 曹杏田著 . -- 济南：
济南出版社，2024. 9. -- ISBN 978-7-5488-6757-9

Ⅰ . B848.4-49

中国国家版本馆 CIP 数据核字第 2024B5B237 号

青少年自尊保护机制研究

曹杏田　著

出 版 人　谢金岭
出版统筹　胡长粤
责任编辑　刘秋娜
封面设计　谭　正

出版发行　济南出版社
地　　　址　山东省济南市二环南路 1 号（250002）
总 编 室　0531-86131715
印　　　刷　济南升辉海德印业有限公司
版　　　次　2024 年 9 月第 1 版
印　　　次　2024 年 9 月第 1 次印刷
开　　　本　170mm×240mm 16 开
印　　　张　14.5
字　　　数　150 千字
书　　　号　978-7-5488-6757-9
定　　　价　78.00 元

如有印装质量问题 请与出版社出版部联系调换
电话：0531-86131716